スリランカ

紅茶のふる里

～希望に向かって一歩を踏み出し始めた人々～

鈴木 睦子

アールイー

スリランカ地図

by Uwe Dedering, Wikimedia Commons

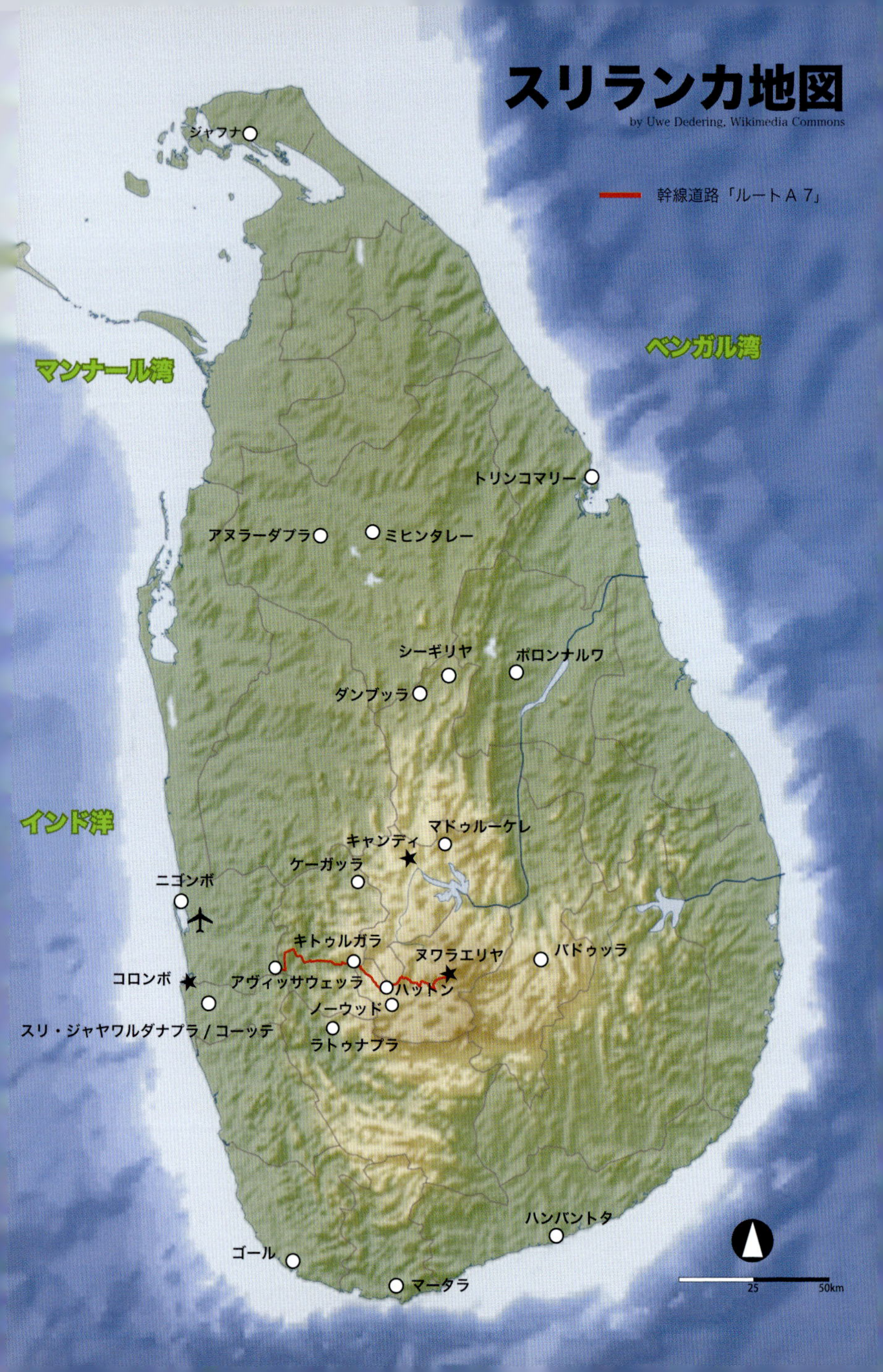

《はじめに》

二〇一二年八月、私はスリランカの中央高地の広大な紅茶農園地域の奥地にあるタミル語学校を訪ねた。真っ青な空を背景に、高い崖が連なっている裾に茶畑だけが延々と続いている、のどかな「紅茶のふる里」の真っ只中に学校はあった。学校では、二〇〇九年に創立されたイギリスのＮＧＯが、夏休み中の生徒に無料で英語を教える三日間の〔Kids School〕の活動を行っていた。紅茶農園ワーカーの家庭出身の青年たちは、そのＮＧＯで七ヶ月の間に英語と社会性そして精神力を学んだ後、インターンとして六年生から九年生の生徒に英語を教えていた。

スリランカでは良い仕事に着くために、英語は絶対にといえるほど必要な能力であるといわれている。インターンの青年も生徒も大きな声で、はっきりと英語で自己紹介をしたり、質問や答えを繰り返していた。この活動を通じて生徒もインターンも自信がつき、互いを意識しあうことでマナーを学び、相互信頼、思いやりなども培われていくそうだ。英語力をつけるだけでなく、誰とでも良い人間関係を築いていけるような力を身に着けることも目標になっている。教室内は楽しげな雰囲気の中にもピーンと張りつめた緊張感と、若い活力が満ちていた。

スリランカの紅茶農園ワーカーの多くは、農園に居住して働いている農園タミル人(Plantation Tamil)と称されている人々だ。かつて、農園タミル人は自分たちでは何も変化を

茶の花　ヌワラエリヤ地区ディンブラの農園で（2011 年）

起こそうとしない依存体質の人々であるといわれていたし、今日でも時々だが、こうした意見を耳にする。しかし、私は〔Kids School〕の教室で、彼らコミュニティ内部から発展しようとする熱いエネルギーを感じた。まさに蝶々の脱皮が始まったと表現したくなるような、さわやかな迫力を実感した。

スリランカは「インド洋の真珠」とよく形容されている楕円形の島国で、島の中央を少し北東にいったところに古代都市シーギリヤがある。三六〇度ぐるりと見渡す限り広がるジャングルの中に、大きな塊のような岩山がひとつだけドンとある。その山の中腹の岩壁に五世紀に描かれた色鮮やかな美女のフレスコ画がある。花や果物籠を持ち、おっとりと微笑んでいる女性たちはジャングルの中に埋もれていたが、一八七五年にイギリス人によって発見され、「シーギリヤ・レディ」と称されて、一九八二年にユネスコの世界文化遺産として登録された。

私はスリランカについてほとんど知らなかったが、「シーギリヤ・レディ」の写真を友人に見せてもらった時、彼女たちを近くで見たいと思った。一九八五年、美女に会いに訪ねたのが私とスリランカとの細いながらも長い不思議な縁の始まりとなった。

帰国後、ちょうど出版された『魂にふれるアジア』（松井やより 一九八五）を読んで、初めて紅茶農園で働いている人々のことを知った。最初の旅行中は彼らに会わなかったので、その存在を知らなかった。美味しい紅茶を楽しんだ旅の余韻に浸っていた時だったので、なおのこと、茶葉を摘んでいる女性たちが厳しい労働生活環境の中におかれていることに関心を持った。

そして、無謀にも、市民の立場でできる支援をしようと考え、中央州キャンディ地区の紅茶農園とマータレー地区の農村部の女性と子どものために、ささやかな生活改善の協力活動を始めた。市民による小さな活動はほんの点のような小さな支援に過ぎなかったが、他面において、相手の生活や人生、または地域社会に与える影響は少なくないのであり、協力活動は善意に基づいていても、責任は大きいことを実感するようになった。異文化社会での言動にはデリケートな感性や深い洞察力が求められる。

そのため、スリランカや農園で働いている人々について断片的な知識しかないことを反省し、さらに、きちんと調査研究をしたいと考えるようになった。農園コミュニティを中心に歴史や社会問題、文化などについて十分ではないが出来るだけ包括的に纏めた。それは二〇〇八年に早稲田大学大学院アジア太平洋研究科（国際関係学）で学術論文として認められた。

残念なことにスリランカでは、政府と、「スリランカ・タミル人」の一部の反政府過激派組織であるLTTE（タミル・イーラム解放の虎）との間で内紛があった。一九八三年から激化し、数年の停戦時期があったが、二〇〇九年五月の終結までの長い間、全ての人々に多大な犠牲を強いた。一九八五年の最初の訪問の時にすでに紛争が始まっていた。北東部が主な紛争地帯であったが、その後の十数年の間、時にはコロンボやキャンディの町中で、または郊外で、紛争地域にいることを実感させられるような体験が幾度かあった。

二〇〇三年八月以降は訪ねる機会がなかったが、二〇一一年十月に実に八年振りにスリランカを訪ねた。紛争が終わったスリランカは平和で、人々は穏やかに暮らし、のどかな雰囲気が満ちていて、空気までもが以前に比べて緩やかに流れているように私には感じられ、嬉しく思った。

さらに、喜ばしい、感動した出来事があった。二〇〇〇年頃からの知り合いの紅茶農園の三人の若い女性たちと再会して、彼女たちが活き活きと自分の人生を切り開きながら前に向って歩みだしていることを知ったことだ。私は彼女たちの自分の希望を叶えようとする輝く瞳に圧倒されるような思いであった。

二〇一四年にノーベル平和賞を贈られたパキスタンの少女マララ・ユスフザイさんについては周知のことと思う。彼女は二〇一三年七月に国連本部で行なった演説で、「一人の子ども、一人の教師、一冊の本、そして一本のペン、それで世界が変えられます。教育こそがただひとつの解決策です」と締めくくった。世界の多くの人は彼女の強い勇気と行動力に心を打たれた。

農園タミル人コミュニティでも長い間、特に女性は伝統的な考えの中で教育機会からも遠ざけられ、厳しい生活労働を強いられてきた。しかし、近年、紅茶産業や農園コミュニティが変化し、人々の意識も変化するようになっている中で、女性たちも変わるようになった。三人の頑張っている女性たちについて知ってもらいたいという思いが、本書を出版した直接の動機である。

日本で紅茶は人気のある飲み物だが、茶畑で働いている人々についてはあまり知られていないように思う。農園コミュニティは私が関わってきたこの四半世紀に大きく変化してきたが、さらに、二〇一一年から訪れるたびに、ダイナミックな変化に接して、揺り動かされるような思いであった。コミュニティの近年の胎動についても多くの方に理解していただきたいと考えて、読み易い本に纏めることに挑戦した次第だ。

初めにお断りしておかなければならないことがある。紅茶農園には様々な要素がたくさんあり、さらに長い時間の経過の中でそれらが複雑に絡み合っている。そのため、地域や農園会社、同じ農園内でもそれぞれの居住空間、時間などによって、人々の意識や行動の変化、労働生活状況などなどを一様に捉えることは現実的に難しい。ある事実や現実でも、光が当たる面と陰に隠れてしまう面などもある。そのため、本書に書かれていることは、あくまで「私の個人的な経験や知識、収集した文献・資料・情報に基づく限りにおいて」、という枠組みにあることをご了解いただけるようにお願いしたい。

市民の立場での小さな協力活動において、論文のための調査研究において、また、ごく近年のフィールド調査において、スリランカと日本でたくさんの方々から温かいご理解とご協力をいただいた。特に、公的な支援や後ろ盾もほとんどない個人の立場で異文化社会の中で行なった調査では、現地の方々のご協力がなければ何もできなかった。多くの古くからの知人友人が常に温かく力を貸してくれた。心より感謝したい。

本書は、序文、第一部、第二部から構成されている。序文では、本書を出版する動機を与えてくれた上記の三人の女性を紹介する。第一部は、紅茶がスリランカで栽培されるようになった歴史から二〇〇〇年代初期頃までについて、主に前記の論文を元に記している。第二部では、農園コミュニティと人々が近年に大きく変化するようになっていることを、二〇一一年から二〇一四年に焦点を当てて書いている。

平成二十七年九月

鈴木　睦子

目次

《0・1》
シーギリヤ・レディのフラスコ画。

《0・2》
農園内の製茶工場前に整列しているプラッカー。
(1988 年)

《0・3》
8年振りに再会した時のルシーア、ミラロリィと2名の子どもたち。キャンディ地区マドゥルーケレ
(2011年)

《0・4》
教育センター所長として活躍するルシーアは威厳と貫禄がついてきた。
(2013年12月)

《0・5》
家族が力を合わせて建てた農園内の一戸建て家屋の、使いやすそうな台所で喜ぶミラロリィ。
(2011年)

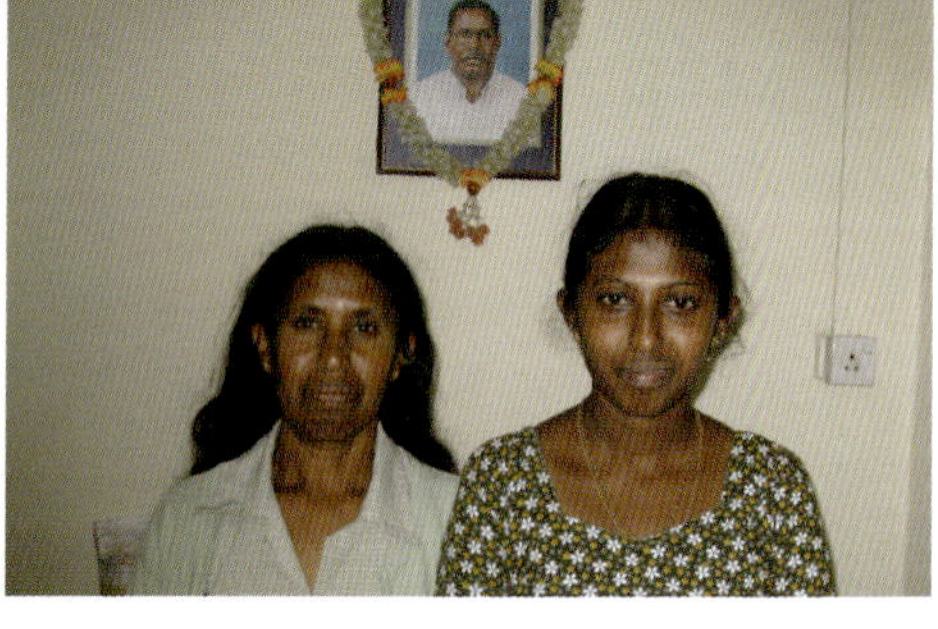

《0・6》
父親の遺影の前で、マリーとお母さん。
ヌワラエリヤ地区ノーウッド
(2011年)

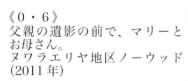

《5・1》
農園地域では大小の美しい滝を楽しめるところもある。写真の滝は、ヌワラエリヤ地区。

《5・2》
紅茶畑に囲まれた湖の畔にたたずんでいる1878年に建てられた教会。
ヌワラエリヤ地区ディコヤ

《5・3》
元は紅茶農園主のバンガローで、現在は宿泊施設になっている。
ヌワラエリヤ地区ディコヤ

《４・１》
家屋建設支援組織（ＰＨＳＷＴ）を利用して、農園ワーカーは自助努力でライン･ルームを改築するようになった。同じ長屋に改築したライン･ルームと改築されないライン･ルームが混在していた。キャンディ地区マドゥルーケレの農園　(2002 年)

《５・４》
農園ワーカーたちの一戸建て家屋が並び、大きく変化するようになった農園。ヌワラエリヤ地区（2013 年）

《５・５》
以前のままのライン・ハウスが並んでいる農園。
ヌワラエリヤ地区（2011 年）

《5・6》
ライン・ハウスのままだが、外壁は綺麗に塗られ、内部も改装されて暮らしやすそうな居住空間に。
マドゥルーケレの農園（2011 年）

《5・7》
改築したライン・ルーム内の居間でくつろぐ元ワーカーと家族。テレビや家具も揃っている。
ノーウッドの農園（2011 年）

《5・8》
農園会社の家屋建設プログラムにより、リースされた農園内の土地にワーカーが建てた一戸建て家屋。
マドゥルーケレの農園（2012 年）

《5・9》
上記写真《5・7》の一戸建て家屋から、農園内の 3m 幅の道を挟んだ反対側のワーカー居住区。ライン・ハウスの外装はペンキが塗られて綺麗になり、各世帯に電気は敷設されている。
マドゥルーケレの農園（2012 年）

《５・１０》
外壁に可愛らしい絵が描かれて、楽しそうな雰囲気の保育所。
ヌワラエリヤ地区ノーウッド（2012 年）

《５・１１》
保育所ではタミル人の若い保育士が子供たちの世話をしている。
上記写真の内部

《５・１２》
ヌワラエリヤ地区ディコヤにある政府の大きな総合病院の看護師さんたち。彼女たちの後方の建設中の建物はインド政府の支援による近代的病院。(2011 年)

《５・１３》
茶畑に造られたネットコートで遊ぶ農園ワーカー家庭の子供たち。
ヌワラエリヤ地区ディコヤ
(2013 年)

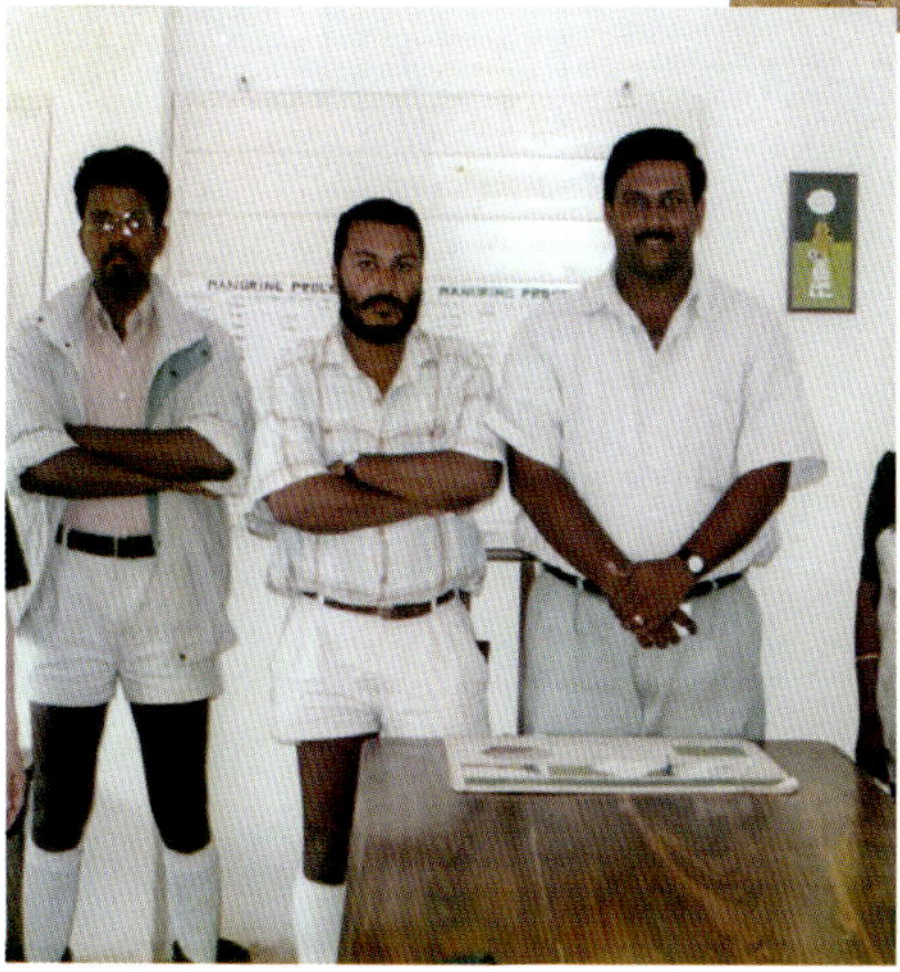

《５・１４》
紅茶農園のマネージャー(右)と、副マネージャー（左２人)。
キャンディ地区の農園 (1991 年)

《6・1》
プラッカーは茶葉の上に長い棒をおいて、それから出ている一芯二葉だけを丁寧に摘み取る。

《6・2》
摘んだ茶葉を背負っている袋に上手に入れる作業を繰り返す。
(2013 年)

《6・3》
プラッカーが摘んだ茶葉は、午前と午後の２回、決められた場所で量られて、彼女たちの手帳に記入される。

《6・4》
著者が初めて会った女性のカンガーニ。背筋を伸ばし、毅然として仕事に励んでいた。
ヌワラエリヤ地区ディコヤの農園（2012 年）

《6・5》
著者が初めて会った女性のスーパーバイザー。
キャンディ地区マドゥルーケレの農園地帯（2013 年）

《6・6》
新しく考案されたプラスティック製の籠を背負って家に戻るプラッカー。
高地の農園地帯（2012 年）

《6・7》
茶畑の真ん中で催されたチャールズ皇太子のバースデイセレモニー。
ヌワラエリヤ地区の農園（2013 年、タミル語新聞 "VIRAKESARI" の記事より）

《6・8》
上記と同じ紙面に掲載されていたサリー姿で茶摘をしているプラッカーの写真。
新しく工夫された背負い籠は腰のベルトでも支えている。
(2013 年)

《６・９》
キャップとスポーツシャツの軽やかな服装で働くワーカー。リュックサック型の背負い袋は肩でも支えている。
(2013 年、タミル語新聞 "SOOVIYAKANTHI" の記事より)

《６・１０》
茶樹の間を動き回るのに便利なゴム・シートで身を防護して仕事に向かう笑顔のプラッカーたち。
ヌワラエリヤ地区ノーウッド
(2013 年)

《６・１１》
仲間と一緒に楽しそうに、自然体で茶摘仕事に励むプラッカーたち。
ヌワラエリヤ地区ノーウッド
(2013 年)

《６・１２》
Tea Leaf Vision Centreが主催しているKids Schoolでは、インターンたちが夏休み中の子供たちに英語を教えている。(2012年)

《６・１３》
茶畑の脇で昼食を取っているプラッカーたちは厳しい表情をしていた。全てのワーカーやプラッカーの労働生活が改善されるようになったとはいえない。
ヌワラエリヤ地区の農園地帯（2013年）

《7・1》
お洒落をしてヒンドゥー教寺院の日曜学校に向かう少女たち。キャンディ地区マドゥルーケレの農園地帯
(2012 年)

《7・2》
白い正装姿で仏教寺院の日曜学校から帰ってきた児童と日曜学校の教師たち。「ルートＡ７」沿いのシンハラ人農村地帯
(2013 年)

《7・3》
保育所の壁には、ヒンドゥー教、仏教、キリスト教の神様が一緒に祭られている。
ディコヤの保育所内（2013 年）

《7・4》
タミル語学校：机と椅子が整然と置かれている広い教室で勉強している生徒たち。
キャンディ地区マドゥルーケレ（2012年）

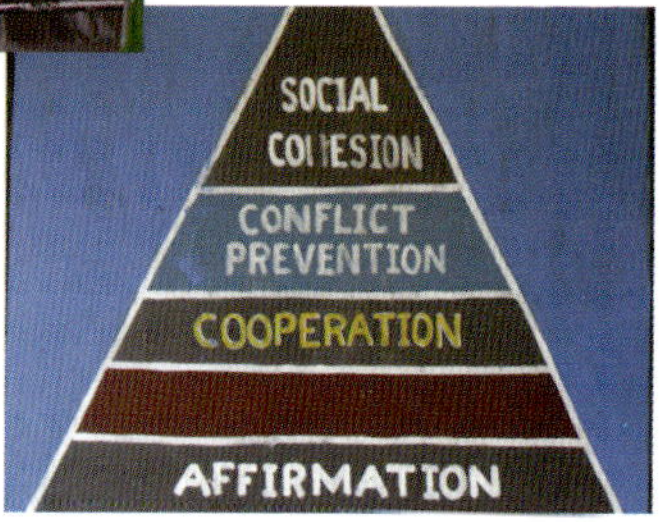

《7・5》
上記の学校の階段の壁に貼られているポスター。

《7・6》
「ルートＡ７」沿いのシンハラ人の農村地帯では、紅茶会社の小型トラクターが各農家が栽培している茶葉を集荷して回っている。(2013年)

◆序文　紅茶農園生まれの女性三人の笑顔と八年振りの再会

《はじめに》で記したように、二〇一一年十月に八年振りに旧知の三人の女性たちと再会した。三人は中央高地の丘稜地域に広がる紅茶農園地帯にある農園内に生まれて、育ち、現在もそこに暮らしている。一人は中央州の北半分のキャンディ県のマドゥルーケレにある紅茶農園に暮らしていたルシーアである。二人目はルシーアと同じ農園に住んでいたミラロリィである。三人目の女性は中央州の南半分のヌワラエリヤ県のノーウッドのマリーである。三人とも快活で聡明で優しく、芯のしっかりしている、笑顔がチャーミングな女性たちだ。《カラー写真3・4・5・6》

◆中央州キャンディ県マドゥルーケレの「ルシーア」

スリランカの首都はスリ・ジャヤワルダナプラ／コーッテと少々長い地名である。一九八五年にコロンボから遷都されたが、今でもコロンボに実質的な首都機能のほとんどがあるといわれている。コロンボは商業が最も盛んな最大の都市である。そのコロンボから島の中央部の山稜地帯に入ったところに第二の大都市であるキャンディがある。イギリスによって完全に植民地化された一八一五年までシンハラ人のキャンディ王国があった古都だ。

マドゥルーケレの農園地域はキャンディの町から北に向って奥に行った丘稜地に広がっている。二〇〇一年三月にM農園のルシーアと初めて会った。私はM農園で暮らしている若い女性たちと農園の学校で話し合いをした後、彼女たちが用意してくれた昼食を一緒にとった。十数名の女性がいたが、その中で利発そうで茶目ッ気が感じられる少女が特に印象的だった。その少女がルシーアで、二十歳だった。ほっそりとした体に鮮やかな赤と緑色の綺麗なサリーを着ていた初対面の時の彼女の姿を私は今でもはっきりと憶えている。

スリランカでプランテーション農業が始められてからずっと、農園に住んで農園の仕事をしている労働者には住まいは無料で提供されるシステムになっている。住まいは、「ライン・ハウス」と呼ばれている長屋の中の、世帯ごとに区切られている「ライン・ルーム」で、小さな部屋が三つほどと台所でとても狭い。一世帯の長屋から、十世帯が一棟になっている長屋まであり、長さはまちまちだ。農園労働者の境遇を象徴しているものといわれているライン・ハウスについては後ほど説明する。

ルシーアはM農園内の四世帯が一棟になっている古いライン・ハウスの一つの住空間に、両親と兄妹と暮らしていた。お父さんは足が悪いため、テイラーとして生計をたてていた。スリランカではほとんど女性が茶摘仕事を行なっていて、彼女たちは「プラッカー」と呼ばれている。

お母さんはプラッカーとして働いていたが、私が会った時は退職して年金暮らしであった。お兄さんはまだ若く、当時は農園の副フィールド・オフィサーであった。

ルシーアと初対面の翌年の二〇〇二年三月二十四日に、同じM農園にある初等学校の講堂で、「国連女性の年」を記念する式典が地元のNGOによって開催された。この式典にはM農園内外から大勢の人が参加していた。学校の校長先生と教師、生徒と生徒の家族、農園の住民、周辺の町村のシンハラ人やムスレム、国際NGOのスタッフ、キャンディ県内の地方新聞記者など、およそ三、四百名の男女が参列していた。私もその式典に参列した。校長先生やNGOリーダーなどの話の後に、若いタミル人女性が壇上に立ってスピーチをした。「女性は今まで男性の管理の下に置かれてきました。これからは、女性は自分たちの意見を発言し、自立しなければなりません」と力強い声ではっきりと述べた。ルシーアであった。その日の夕方、私は彼女のライン・ルームを訪ねて、「女性の権利についてどのように学んだの」と訊ねた。「以前に学校の授業で先生から教えてもらいました。NGOのリーダーやスタッフと女性の権利について話をします」と答えてくれた。彼女のスピーチは、長い間ジェンダー不平等が当然のこととして保持されてきた社会で、女性自身も受身のままに伝統的な文化社会規範を受容してきたことに対する、新しい世代の発言であるように感じた。

農園では階層的構造の頂点にいる農園マネージャーが全権をもち、また全責任を担っている。彼と労働者が直接にコミュニケーションをすることは葬儀の場を除いては、ほとんどなかったといえる。さらに、スリランカ社会には女性が親族以外の男性と直接に対話することや、行動することを制約する文化社会規範がある。しかし、ルシーアは、「農園マネージャーといろいろなことについて話し合ってみたいです」と積極的で前向きであった。

彼女は農園部門で、当時まだ稀であった全国共通の教育資格であるGCE―Aレベルを取り、近くのカトリック教会の仕事を手伝いながら、シスターに英語を習っていた。「お母さんのようにプラッカーになって農園の仕事をするのは嫌です。将来はソーシャル・ワーカーになって、農園の人のためになる仕事をしたいと思っています」と語っていた。その後の二〇〇五年に受け取った彼女からの手紙には、「教会のプレスクールで教えています」。二〇〇六年の手紙には「農園の子どもを集めて自分で小さなプレスクールを始めました」と書かれていた。彼女が自分のできる活動を地道に進めていることを知って頼もしく思った。

そして、八年後に再会した時、彼女は農園ワーカーの子どものための教育センター所長という立派なソーシャル・ワーカーとして活躍していた。センターではNational Apprentice and Industrial Training Authority の元でパソコン研修や、その他のさまざまな教育事業が実施されている。学校の放課後や学校卒業後に参加する私塾のような教育施設であり、また就職の指導も行なわれているそうだ。センターは茶畑だけが広がっているマドゥルーケレ地域の奥地の道路わきに建てられている平屋だ。「パソコン以外にも、権利や健康の問題などについて教えています。栄養プログラムもあります。八時三十分から五時まで、週七日間、つまり毎日開かれているので、生徒はセンターにいつ来ても学べることができます」。センターは全国の農園の青年たちの相互交流の拠点にもなっているそうだ。

ルシーアはセンター長室の机の前に座って、嬉しそうに、控えめながらも誇らしげに、センターの説明をしてくれた。そして、農園の青年たちのために将来を切り開いてあげる手助けをしたいという希望について語ってくれた。教育センター所長という地位に着いて活躍しているのは、彼女の能力とそれまでの努力が認められたからであろうと、深く感動した。初めて会った時はほっそりと華奢な体つきであったのがちょっと太めになって、貫禄もついていた。それから会う度に、どこか威厳さえも感じられるようになっている。

【BOX 1】 スリランカの近年の教育制度の概略

小学校は五年（五～十一歳）、中学校は三年（十二～十四歳）、高等学校は二（三）年《十五～十六（十七）歳》、専門学校および大学予科二年（十八～十九歳）、そして大学は三～（四）年《二十～二十二（二十三）歳》となる。

生徒は高校卒業時と大学予科卒業時に、それぞれ一般資格試験（General Certificate

Examination：GCE)を受ける。この試験は全国一斉に年二回行われる。試験に合格した人は、それぞれGCE―Oレベルと、GCE―Aレベルの資格が与えられて、さらに上級の学校に進学することができる。厳しく難しい試験といわれている。そのため、GCE―Aレベルの資格をもっていることを青年自身も、親も誇りにしている。教育費は小学校から大学まで無料で、教科書や制服も支給される。近年ではプレスクールという、小学校に入学する前の幼児・児童のための保育園と幼稚園が合わさったような施設がたくさんできている。

農園コミュニティの教育は農園内にある学校で、主に五年生の初等教育までのところが多いようだ。その後は農園の子どもは農園の近くの町村にあるタミル語学校に通学する。しかし、近年では農園内の学校も、八年、十年、十二年までの教育課程を行う学校が増加しているといわれている。GCEの試験を受けられる農園内の学校もある。校舎も立派で、教室も広く、図書館やパソコン教室も整備されてきている。教育については改めて詳述する。

◆キャンディ県マドゥルーケレの「ミラロリィ」

先の「国連女性の年」記念式典に参列した夜に、私は同じ農園内の、ルシーアの友人であるミラロリィのライン・ルームに泊めさせてもらった。ミラロリィのお兄さんは当時、副フィールド・オフィサーとして働いていて、普通の労働者よりも少し良いライン・ルームに暮らしていた。掃除が行き届いている三つの部屋のうちの一部屋に置いてあるベッドを私が使ってしまったので申し訳なかった。ミラロリィはキャンディにある民間の保険会社で五年間働いたが、バス通勤が大変なので勤めを止めたところだった。お母さんとお兄さんと、離婚して中東に出稼ぎに行っているお姉さんの三歳になる幼い娘の面倒を見ていた。彼女はその時二十六歳だった。お姉さんからの仕送りで買ったというテレビを私も家族と一緒に楽しんだ。政府とLTTEの間で永久停戦合意が調印された直後で、LTTEの兵士が武器を政府軍に引き渡しているニュースが放映された。お兄さんは、「平和になってほしい、しかし、まだ先行きはわからない」と話していた。

そして、八年後に再会した時に、ミラロリィはルシーアのお兄さんと結婚して、長男と長女の二人の子どものお母さんになっていた。ミラロリィ夫妻は七パーチの土地の使用権を農園会社から買い、一軒屋を建てていた。パーチはスリランカ特有の土地面積の単位で、七パーチは約一七七平方メートル（五十二・五坪）である。

義父母の年金と、夫と妹たちの収入など、家族が力を合わせて建てた家である。家の外壁は鮮やかなブルーに塗られていて、農園地帯の緑と美しいコントラストになって若々しい感じがした。その家に夫妻と二人の子ども、夫の両親、夫の妹に当たるルシーアともう一人の妹の八人の大家族が一緒に生活している。それまでの農園会社から与えられた狭苦しいライン・ハウスの一部とは全く異なった「我が家」である。決して広くはないが、明るい居間や台所にミラロリィは嬉しそうに私を案内してくれた。夫妻の寝室では彼女はベッドに腰掛けて、幸せいっぱいの顔をした。ライン・ルームの内部は概して「色」のない殺風景な生活空間だったが、新築した住まいには様々な「色」があって、楽しく活き活きとした雰囲気が満ちていると感じた。

新築の家の脇には小さな店が建てられていた。彼女が食料品や日用雑貨を売る商いを始めたのだ。「買い物客は一日におよそ十五人くらいです。農園で働いている人がお客さんで、近くに店ができたと喜ばれています。野菜売りが週に一度、車で来るので、私の店では野菜類は売っていません」。彼女は十分ではないでしょうが、家計を助けていることが窺えた。

後に記すが、近年は農園労働者の子どもの多くは親の仕事である農園で働くことを嫌い、農園の外の仕事を望む傾向が強くなっている。そのため、特に、キャンディ地域では農園労働者が減少する傾向が進み、植民地時代から継続されてきた紅茶農園の経営は難しい局面にあるといえる。様々な対策が考えられているが、紅茶産業の将来的な見通しは、今までのように安泰とはいえない状況にある。そのため、副フィールド・オフィサーである彼女の夫の将来も安定しているとは思えない。彼女は農園で働くことを拒否する青年たちに理解を示しながらも、同時に、将来に対して不安感をもっているようだ。いつも穏やかで、もの静かなミラロリィであるが、経済的な先行きが不透明な中で、彼女は家族の中心になってしっかりと大家族を支えていこうという意気込みと逞しさをもっていると感じた。

◆中央州ヌワラエリヤ県ノーウッドの「マリー」

中央高地のヌワラエリヤ県のほとんどはジャングルであったが、イギリス植民地時代にプランテーション農園を経営するために開拓された地域である。鉄道はコロンボ駅からキャンディ駅に、さらに中央の山稜地帯を登ってヌワラエリヤ県のハットン駅に、そして、ヌワラエリヤ駅を経由して、終点駅は隣の州のウヴァ州バドゥッラ駅まで繋がっている。中央州やウヴァ州の山稜地帯で摘まれた茶葉は直ぐに工場で紅茶に加工されて、鉄道や車で山を下り、コロンボまで運ばれる。ハットンはヌワラエリヤ州の中の比較的大きな町で、コロンボとの間を、またキャンディとの間を繋いでいる定期便バスの発着場もある。ハットンから車で南方向に十分ほど下がるとノーウッドである。

スリランカで購入した地図にはノーウッド（Norwood）の地名の直ぐ下に、赤色の文字で「Tea Country」と記されている。ノーウッドを中心に広がる地域は茶畑だけが続いている、まさに「紅茶のふる里」である。ノーウッドの町は農園として開拓された山稜地の麓にあり、プランテーション産業に関わる人々によって新しく造られた町だ。

ＣＷＣ（Ceylon Workers' Congress）は農園タミル人の政党であり、労働組合でもある。ＣＷＣ議長のＳ・トンダマンは一九七八年に、スリランカ生れでないスリランカ人として初めて大臣になった人物だ。彼は農園タミル人には教育が必要であるという考えで、農園の教育環境の改善を積極的に進めた。農園の子どもたちのために、彼はノーウッドに最初のタミル語学校を建てた。その後、スェーデンの海外援助組織のＳＩＤＡ（Swedish International Development Cooperation Agency）がこの地に校舎を建設したので、当初の校舎であった建物は、外壁は建て替えられて、「サラミアモルティ・トンダマン・ホール」と、Ｓ・トンダマンの名を冠した記念の建物として今でも大事に維持されている。

二〇〇二年十一月に私は現地の知人の紹介でノーウッドのＭ氏に会った。彼はノーウッド地域の数箇所の紅茶農園と周辺の農村の村人に社会開発を行なう小さなＮＧＯのコーディネーターとして活躍していた。町の中心部にあったＮＧＯ事務所は質素で狭い建物だった。

二〇〇二年と二〇〇三年に、私はフィールド調査のためにＭ氏の家に数日ずつ滞在させてもらった。Ｍ氏の長女がマリーだ。Ｍ氏の妻、つまりマリーのお母さんは助産婦である。農園で働いている女性の出産をはじめ、家族や乳幼児の健康について世話をしている助産婦は大事な人材なので、農園での職業上の地位は少し高くて、普通の労働者より少し厚遇されている。例えば、助産婦の住まいは医療地区と特定されている区域内の農園クリニックのすぐ側にある、二軒長屋の片方だ。一般の労働者の住まいは長屋の中のひとつであるのに対して、助産婦の住まいは少し広い。植え込みの木々に囲まれていて、裏木戸から中庭に出ると台所が別棟になっているなど暮らし易い。中庭は沐浴場、洗濯場として使われていて、隣家との間に塀が建てられている。そのため、一般の労働者の長屋とは異なり、プライバシーが護られていると感じた。私は玄関脇の畳一枚半を縦に並べたより少し広いくらいのスペースに、細いベッドが置かれている部屋を使わせてもらった。

マリーはつややかな黒髪を二本の三編みに結わえた、十二歳のおとなしそうな可愛らしい少女で、M氏が彼女を溺愛しているのがほのぼのと感じられた。

二〇一一年に私がスリランカを訪ねた目的のひとつは、二〇〇六年に他界したM氏のご霊前にお参りをして、マリーのお母さんにお世話になったお礼の挨拶をすることだった。八年振りにマリーの家を訪ねてドアを開けると、家の中に放し飼いになっている二匹の大きな犬が私たちに向って唸り声をあげてきたのでびっくりした。私がお世話になっていた時には犬を飼っていなかった。お兄さんはコロンボで働いていて留守で、女性の二人暮しの用心に大きな犬を飼っているという。入口を入ったところの狭い土間には、M氏が生前に愛用していた大きなオートバイが八年前と同じように置かれていた。

久しぶりに会ったマリーは、はにかみながら近況を話してくれた。二〇〇七年に高校を卒業してGCE—Aレベルの資格を取ったが、家の近くには働く場所もなく、自宅で家事をするだけの生活を送っていた。しかし、二〇一一年九月から私学に英語の授業を受けに通い始めたところだった。私が訪ねたちょうど一ヶ月半ほど前だ。ノーウッドからさらに九キロほど奥に行ったマスケリヤの町に新しく設立された学校で、「はじめに」で紹介した〔Kids School〕を主催しているNGOによって運営されている。「学校で一年生から十二年生の時まで英語を勉強したけど、良い先生がいなかったので英語は上達しなかった。今は、英語を一生懸命に勉強して、少しわかるようになってすごく楽しい」とゆっくりときちんとした英語で一言、一言しっかりと話してくれた。

イギリス人の若いカップルが新婚旅行で中央高地の農園地域に遊びにきて、農園の人々の実態を知り、どうしたら彼らを支援することができるかを考え、帰国後にイギリスのNGOであるWorld Visionに話をしに行ったそうだ。それがきっかけで、国際的に大きな活動をしているWorld Visionが中心になって、マスケリヤに[Tea Leaf Vision] World Vision Lanka Officeが設立され、教育が無料で行なわれるようになった。

生徒は中央高地の農園労働者の家庭出身の十六歳から二十四歳までの青年で、当時は一六一名が勉強していた。センターでは生徒は単に英語を学ぶだけでなく、英語で人の前できちんと話をする力や、ビジネスで実際に発揮できる力も身につけるように指導を受けている。さらに、何か問題があれば立ち止まって考え、それを解決し、自分の人生を発展させていく、などの能力向上を促す指導も受けている。社会性を身につけるために、休日には生徒十名と教師一名がグループになって、マスケリヤの町周辺の汚れている公共の場所、病院や道路，バスの停留所などを清掃する活動も行なっているそうだ。「公衆トイレの掃除もしたのよ」と、マリーは肩をすくませ、笑いながら、ちょっと口を曲げて、でも楽しそうに話してくれた。若い女性にはきつい仕事であろう。だが、それを成し遂げることがより良い社会に変えていくために自分たちがしなければならないことであると、十分に認識しているように感じられた。マリーは母親と寂しく暮らしていたが、今は将来の希望の光がなんとなく見えてきたようだ。自分の身に起きてきた変化の兆しを感じるようになって、彼女は嬉しくてたまらないというように顔を上気させて、久しぶりに会った私に「Tea Leaf Vision センターについて、そこでの勉強について熱心に話をしてくれた。

この後、会う度に彼女の英語力は磨きがかかって、滑らかに英語を話すようになり、時には私の方がどぎまぎしてしまうほど上達した。英語力が向上しただけでなく、おとなしく控えめであったのが溌剌として快活で、動作もきびきびとしてきた。自分の希望に向って精一杯努力しているマリーを、天国のM氏もきっと喜んでいるだろうと思った。

このように、久しぶりに再会した若い三人の女性がそれぞれの希望に向って一歩を踏み出したことを知って、私はとても嬉しく思った。しかし、私が深く感動したのは彼女たち三人の個人的問題だけではない。より強調させていただきたいことは、紅茶農園に住んで働いている人々の生活や周囲の環境が近年になって改善されるようになり、今まで想像もしなかったような大きな変化が起きてきたことだ。しかし、全ての人、全ての紅茶農園の環境が改善に向うようになったとはいえず、まだ、厳しい労働生活環境の中に置かれている人も少なくない。しかし、全てではないとしても、彼らが明るく楽しく暮らすように変化してきたことは大きな意味があるといえるのである。なぜ大きな意味があるかを理解していただくために、彼らの環境や労働生活が変化する前はどうであったか、どのような状態であったかについて記したいと考える。

スリランカ紅茶のふる里で茶畑の世話をしたり、茶葉を摘んだり、製茶工場で働いている人々のほとんどは、スリランカのある一つの民族社会集団である。彼らはスリランカ市民であるが、厳しく辛い過去を乗り越えてきた人々であるといえるのである。どのようにして彼ら集団が形成されるようになったのか、紅茶のふる里で働いている人々について述べるために、遠回りと思われるかもしれないが歴史を遡って、どうしてスリランカで紅茶が栽培されるようになったかについてから順々に記していきたい。

さらに、もう一人、私が本書の出版を考えるようになった人物がいるので、ここで彼についても少し紹介したい。二〇一一年から三年間、毎年お会いしているヌワラエリヤ県アップコットにある大きな農園会社所有のA紅茶農園のマネージャー、H・K・氏である。

紅茶を生産するプランテーション農園システムはイギリス植民地時代に主にイギリス人によって作られ、一九四八年にスリランカが独立した後もずっと継続されてきた。そのシステムの中で農園に住んで働いている労働者は農園内で自動的に再生産されると考えられていた。しかし、今やその農園システムが揺らぎ始めたのである。

先に触れたように、今日、特に教育を受けるようになった若い世代は親の仕事よりも農園の外の仕事を望むようになり、農園では将来的に労働力不足になる可能性が高いことが深刻な問題になりつつある。農園居住の労働力を多く必要とする紅茶産業は新しい方策を探り始めている。そのような厳しい状況の中にあって、Ｋマネージャーはあくまでも紅茶栽培にこだわっている。「紅茶はとても良い飲み物です。スリランカ紅茶は最高級品であると、私は誇りを持っています。困難な状況にありますが、今でも紅茶産業に直接的間接的に関わっている人口は五百万人くらいいます。スリランカでは働いている人口が一番多いのは政府の公務員、二番目は中近東への出稼ぎ者、そして、紅茶産業の従事者は三番目です。紅茶、ゴム、ココナッツが今でも外貨を稼いでいます。全てのスリランカ人は〈紅茶は私たちの財産〉であると考えています。農園の仕事や生活環境をより良くして、若い人が魅力を感じるような職場にします」。

私がスリランカを訪ねるようになった一九八〇年代中頃は、スリランカの町を走っていた車は日本製が圧倒的に多かった。しかし、スリランカの車両輸入は二〇一二年にインドが日本を抜いて第一位になった。だが、「一方、スリランカからのインドへ輸出できる優良品目はいまだに定まっていない。その中で、スリランカの産業界は自国の強みを活かせる衣料や茶などを推進したいと考えている。」（荒井悦代、pdf『スリランカとインド・中国の政治経済関係二〇一三年三月』日本貿易振興会（ジェトロ）アジア経済研究所）
つまり、茶は、将来にわたってスリランカの社会経済を支える大事な輸出品であり続けることが期待されている。

農園マネージャーたちは近年に厳しくなってきた情勢に困惑しながらも、毅然として試練に向き合い、問題を解決して紅茶産業の発展のために努めているように思われる。Kマネージャーは「シンハラ人も、タミル人も、ムスレムも、皆が一緒になってスリランカのために働いて、近い将来、紅茶産業をスリランカで一番の産業に発展させていく。そのために努力していきたい」と熱心に語ってくれた。様々な苦労はあるでしょう。しかし、彼のような比較的若い世代が中心になって考え、多くの人と協力して新しい紅茶産業システムを作り、美味しいスリランカ紅茶を提供し続けてくれることを期待したい。
そして、美しい緑の世界が広がる「紅茶のふる里」が、これからもずっと護られて欲しいと願っている。

第1部

「スリランカ・ティーの誕生」

1　スリランカで紅茶が栽培されるようになった歴史

(1) 紅茶と緑茶

お茶の原産地は南中国とするのが通説になっている。中国の唐の時代の七六〇年頃に、陸羽という人によって初めて茶の専門書が著された。『茶経』（ちゃきょう）と題されている本には当時のお茶についての知識が網羅されている。その『茶経巻上　一の源』の冒頭に、「茶者、南方之嘉木也」（茶は、南中国の良木である）と記されている。つまり、現在の中華人民共和国の雲南省にあたる地域だ。その地域のある場所に、「茶樹王」という異名を持つ茶の大木があり、樹齢は八百年以上と推定されているそうだ。（守屋毅　一九八一／八九）茶の葉には解毒作用があるといわれていて、村を囲む樹林の中に自生していた茶を村人は薬のようにして飲んでいたと伝えられている。

中国で発見された中国茶は世界に広まっていった。角山栄氏は『茶の世界史　緑茶の文化と紅茶の社会』（一九八〇／八九）の中で、橋本実氏の「［茶］の呼び名は伝播していった経路によって二つに大別される」とする説を紹介している。興味深いので、孫引きになるが、私もここで紹介させていただく。つまり、陸路を通じて伝わった地域は広東語のCH'Aの系譜に、海路を通じて伝わった地は福建語のTAYの系譜に大別される。例えば、陸路は日本語の茶(CHA)、ポルトガル語、ヒンズー語、ペルシア語のCHA、アラビア語、ロシア語のCHAI、トルコ語のCHAYだ。ポルトガルは直接、広東省のマカオを統治して茶を導入したことによるそうだ。一方、海路はオランダ語のTHEE、ドイツ語のTEE、英語のTEA、フランス語のTHEだ。なるほど、「チャ系」と「ティー系」の二つの音に明確に大別されている。

お茶には紅茶、ウーロン茶、緑茶など、飲み物としての「お茶」の種類はいろいろあるが、どれも茶の樹は同じ種属だ。学名はCamellia sinensis (L) O, Kuntze、椿科だ。夏椿の白い可憐な花は茶の花によく似ている。生の葉を摘んだ後の処理方法が異なることで、別々のお茶の飲物になっていることはご存知と思う。生葉を充分に発酵させたものが紅茶で、半分ほど発酵させたのがウーロン茶、発酵を止めて、すぐに蒸したものが緑茶だ。

ちょっと横道にそれるが、日本の伝統文化である「茶の湯」で飲まれているのは「抹茶」だ。海外の方の中には、抹茶の緑色を不思議に感じられる方もいらっしゃるようだ。抹茶にする葉は日光が直接あたらないように黒い薄い網のようなカバーなどで保護して、丁寧に大事に育てられている。瑞々しい緑色は柔らかい茶葉本来の色だ。十六世紀半ばに千利休は「わび茶」を大成した。青々しい緑の茶は、利休が好んだ黒色の楽茶碗と互いを引き立てあい、「わび茶」の美の世界を象徴している。

さて、紅茶の場合は醗酵の段階で紅茶色になるが、さらにローストするのでしっかりとした茶色になり、植物の生臭さもなくなる。それでは、本来は緑色の飲み物なのに、どうして紅茶という飲み物になったのでしょう。紅茶の研究家として知られている磯淵猛氏の『一杯の紅茶の世界史』（文芸新書）から、その一部を抜粋させていただく。「中国南西部に位置する武夷山脈にある山岳地の桐木（トンムー）村では半発酵茶のウーロン茶を作っていました。この村で幾つかの事象が重なって、全発酵の紅茶が登場したと考えられているようです。——現代中国の茶の研究者である呉覚農(ウージュエノン)は、この村で作られた発酵茶こそ世界で最初にヨーロッパに持ち込まれた紅茶の元祖となるものだ、と認めているそうです」。時代は宗の末期から十七世紀中頃と推定されている。偶然の事象が重なって、紅茶という飲み物が生まれたようだ。

このようにして生まれた紅茶がどのようにしてヨーロッパに伝わり、その一方で、なぜスリランカで紅茶が製造されるようになったかについて、世界史の流れの中で見てみよう。

(2) イギリスで花開いた「紅茶文化」

世界史を十五世紀まで遡ろう。十五世紀になるとスペインとポルトガルによって大航海時代が始まった。スペインはイベリア半島から大西洋を渡り、コロンブスが一四九二年アメリカ大陸を発見した。一方、ポルトガルは喜望峰を経由して、バスコ・ダ・ガマが一四九八年にインド西海岸のカルカッタに達した。その後、西ヨーロッパを中心にして、アフリカとアメリカとアジアを繋ぐ一つのシステム、つまり、世界経済システムが形成された。

南アメリカでは、スペインがペルーやメキシコで銀山を発見して銀の生産を始めて、ヨーロッパに銀を持ちこんだ。ポルトガルは一五〇〇年にブラジルを植民地にして砂糖キビの栽培を始めた。ラテン・アメリカの銀と砂糖の生産のために、プランテーション農園制度と、農園で働く労働者を西アフリカから連れてくる奴隷制度が始まった。他方、アジアでは、十七世紀にオランダ、イギリス、フランスなどが東インド会社を設立してアジア貿易を行うようになった。このようにして、世界経済システムの中央にいる西ヨーロッパ諸国と、周辺地域のアメリカとアフリカ、そしてアジアを結ぶ東と西の貿易が発展していった。そして、十八世紀半ばにフランスとの戦いに勝利したイギリスは世界経済システムの実権を掌握したのだった。

イギリスにおいて、東西貿易によって得られた資本は産業革命の動因となった。つまり、一七七二年にリバプール＝マンチェスターで初めてキャラコが製造されたことから産業革命が始まった。リバプールは現代ではビートルズの出身地として有名だが、その昔に産業革命が始まった地であった。その後イギリスは「資本輸出」によって海外に進出するようになった。資本投資の対象となったのは熱帯諸国で換金を目的とする単一作物を栽培するプランテーション農園や鉱山の開発だった。また、ヨーロッパと周辺諸国の鉄道建設事業なども対象となった。周辺諸国は原料や食料を輸出する一方で、ほとんどの工業製品は工業諸国から輸入していた。

その結果、世界経済システムは世界を、中央と、それに従属する周辺地域にと両極に分解したのだった。

世界経済システムの中央世界である西ヨーロッパと、周辺地域となったアメリカとアフリカ、そしてアジアを結ぶ貿易は、東と西の二つの三角貿易として形成されていった。三角貿易というのは二つの国の間で行なわれる貿易のアン・バランスを、三つの国の間で行なわれる貿易にすることによってバランスを取る形態と説明されている。つまり、イギリス―インド―中国の三つの国を、イギリスの綿織物・中国の茶・インド産アヘンという三大商品で結んだのがアジアの「東の三角貿易」だ。

イギリスは十八世紀初頭から茶を中国から輸入するようになり、茶の需要はイギリス国内で急速に高まった。ところが、東インド会社は中国から茶を購買する資金を得るための商品をみつけることができなかった。その一方で十八世紀末にはインドへの輸出商品は産業革命の象徴である機械生産の綿織物を輸出することで確保された。そこで東インド会社はインドでアヘンを栽培し、アヘンを中国に売って中国の茶を購入した。一八二五年には中国からイギリスへ輸出された総額の九五パーセント以上を茶が占めていたそうだ。（加藤祐三 一九七九）

他方、「西の三角貿易」はイギリス―西アフリカ―南アメリカ・カリブ海諸国を結んで、砂糖を生産することを目的に形成された。

さて、茶は最初にオランダに伝わったが、ヨーロッパの中で特にイギリスで広く普及したことは知られている。十七世紀半ばのイギリスでは、茶は宮廷内や限られた上流階層の人々だけが楽しむことができる高価な飲物だった。外国からの高価な輸入品である茶とコーヒーは、イギリスの都市に住む地主貴族の間にコーヒーハウス文化やティーハウス文化を生み出したといわれている。当時、イギリスのコーヒーハウスで出されていた高級茶はウーロンなどの中国茶で、ミルクも砂糖も入れずに飲まれていたそうだ。そして、一六六二年にポルトガルからイギリスのチャールズ二世に嫁いできたキャサリン王妃が飲茶の風習をイギリス宮廷にもたらした。彼女は輿入れの時に持参金として砂糖を積んできたのだった。砂糖は当時、銀塊に匹敵するほどの貴重品だった。イギリスにおいて、東方の三角貿易の中心であった「茶」は、西方の三角貿易の中心であった「砂糖」と出会ったことによって、砂糖入り紅茶として国民的飲み物となった。茶に砂糖とミルクを入れたイングリッシュ・ティーはイギリス独特の飲み方として、次第に広く普及していった。

そして、一八二三年にイギリス人の軍人によって、ビルマとの国境に近いインドのアッサム地方で自生している茶の木が発見された。その後、アッサム地方で茶園の開発が始まり、一八六〇年までに茶園の開拓はアッサムからインド北部のダージリンに、さらに南部のニルギリなどにまで急速に拡大されていった。一八七〇年代からはインド産の紅茶がイギリスに輸出されるようになり、イギリスではインド茶の割合が増加し、中国茶は減少し始めた。そして、一八八八年にインド茶が中国茶を追い抜いたのだった。

さらに、スリランカでもアッサム茶の栽培が始められた。一八七五年にひと箱ほどの少量のスリランカ茶がはじめてロンドンに着いたといわれている。その後、イギリスが輸入するスリランカ茶の量は驚異的に増加していった。スリランカは気候と地理的条件が茶の栽培に適していたため、質の良い茶葉が生育されたといわれている。当時のイギリスではスリランカ茶は丸みがあって、舌触りが良く、香りもよいと評判になったそうだ。（相松義男 一九八五）一八八九年にはスリランカ茶の輸入量は中国茶の輸入量の五〇パーセント近くまで増加し、その後もインドとスリランカで栽培された茶の輸入量が増大していった。

スリランカは一八一五年にイギリスの植民地になり、イギリス人の入植者によって茶が安く生産されるようになった。イギリス国内では安価なインド紅茶やスリランカ紅茶が入ってくるようになり、砂糖とミルクを入れた紅茶は大衆化していった。イングリッシュ・ミルクティーは貴族階級だけでなく、一般階層から労働者、農民の間にまで広まった。

紅茶はイギリスで単なる飲み物としてだけでなく、「紅茶文化」として発展した。一八二五年にはイギリスの中国からの輸入総額の九五パーセント以上が茶だったが、一八八〇年には茶は輸入総額の七〇パーセント程度を占めるにとどまり、絹と生糸が二〇パーセント以上を占めるようになっていた。つまり、茶だけでなく、中国の絹織物などを大量に買い入れたのだった。

上記の増渕氏によると、ポルトガルからお嫁入りしたキャサリン王妃は砂糖だけでなく、茶の文化や茶器など、当時、とても高価で珍しいものをもたらしたそうだ。

ヨーロッパでは紅茶が広まるにつれて、紅茶を入れるポットなどの陶磁器が求められるようになった。しかし、当時のヨーロッパではオランダのデルフト焼などの陶器はすでに使われていたが、白く半透明で、つややかな光沢があり硬くて薄い磁器はなかった。そのためヨーロッパでは磁器は中国や日本からの輸入に頼っていた。景徳鎮や伊万里などの磁器がヨーロッパの王侯貴族の間でいかに好評であったかは、今日、ヨーロッパの美術館や古城などを訪ねるとよくわかる。お城や宮殿の壁などにもたくさんの美しい磁器が飾られている部屋がある。

そして、一七〇九年にドイツのヨハン・ベットガーが初めて磁器の技法に成功し、ヨーロッパで最初にマイセンの工房で磁器のティーポットがつくられた。一方、イギリスでは十八世紀の中頃まで陶磁器製品はなく東インド会社が中国製の陶磁器を輸入していたが、一七五九年にイギリスを代表するウェッジウッドが創業を始めた。ブルーと白の模様、またはラズベリー柄のウェッジウッドの食器類は日本でも人気の高い高級磁器だ。余談だが、ウェッジウッドの娘は「進化論」で有名なチャールズ・ダーウィンの母親だそうだ。

このように、当時のイギリス人の間でアフリカ原産のコーヒーやメキシコ原産のチョコレートなどの他の飲み物よりも、紅茶が人気を博したのであった。その背景には紅茶が中国や日本の優れた伝統文化の重みを持つ飲み物であったことによる、と指摘する研究者も少なくないようだ。日本人の私には、このような解釈は素直に嬉しいと思う。紅茶は食文化や陶磁器の発達なども含めて、優雅で気品高い「紅茶文化」として大きく発展していった。

(3) スリランカで始められたプランテーション農業

さて、本書の舞台はスリランカになったので、最初にスリランカの歴史をざっと記したいと思う。スリランカの歴史的起源は日本の国の起源と同じように、神話によって始まっている。スリランカには仏教の僧侶によって執筆された『島史』(Dīpavamsa, ディーパーワンサ、四・五世紀)と、『大史』(Mahāvamsa, マハーワンサ、五世紀)の二つの正史がある。『大史』(建国説話第六章)によると、インドのクシャトリア出身の王の皇女と、獅子(シンハヤー)の間に、息子シンハバーフが生まれた。シンハバーフの長男ヴィジャヤが、紀元前五四三年にランカー島に渡って初代シンハラ王朝を築いた、とされている。(ただし、ヴィジャヤが島に来た時期については諸説あるようだ。) スリランカの伝説上の建国の父と言われているヴィジャヤの出生地は北西インド(グジャラート)であることから、スリランカは北インドのアーリヤ系民族の国であると主張されている。一方、南インドのタミル系ドラヴィダ人は紀元前三世紀頃から交易のために来島し、島に定着していった。

紀元前三〇七年に、インドのアショカ王の王子のマヒンダにより仏教が伝播されたとされている。（仏教がスリランカに伝わった時期についても諸説ある。）シンハラ人の古代王朝は島の中北部から東部にかけての乾燥地帯に確立し、アヌラーダプラ時代（Anurādhapura Kingdom――前二世紀頃〜一〇一七年）とポロンナルワ時代（Polonnaruwa Kingdom――一〇一七〜一二五五年）には、灌漑農業と仏教を中心に成立した。しかし、タミル人の勢力に押されて南下していった。

スリランカの島には、中世には三つの独立した王朝が存在していた。すなわち、シンハラ人仏教徒のコーッテ王国《Kotte（コロンボ近くの西部海岸）――一三七二〜一五九七年》、キャンディ王国《Kandy（中央高地）――十五世紀〜一八一五年》、そして、タミル人のヒンドゥー文化のジャフナ王国《Jaffna（北部ジャフナ）――十四世紀〜一六二〇年》だ。

世界規模では大航海時代に入り、インドの西海岸に達したポルトガル人が一五〇五年にスリランカに来島したことから、スリランカは世界経済システムに巻き込まれていった。一五一八年にポルトガルは島を征服して、当時栄えていた三つの王国のうち、南西部にあったコーッテ王国と北部にあったジャフナ王国の二つを完全に支配下においた。一六五六年になるとオランダがポルトガルから統治権を奪って交易の実権を掌握した。そして、一七九六年からはオランダとイギリスによる二重統治になった。

一七九八年十月にイギリスの初代文官総督ノースが任命された。しかし、総督はイギリス国王と東インド会社の双方の統制下におかれるという変則的な制度であった。一八〇二年一月に東インド会社の管理は廃止されて、スリランカは正式にイギリス本国直轄領へと移行して、イギリス王国植民地セイロン（British Crown Colony of Ceylon）となった。一八〇二年三月にアミアン条約により、スリランカにおけるオランダの所有権は最終的にイギリスに譲渡された。

シンハラ人の王朝であったキャンディ王国は三つの王朝の中で最後まで残っていたが、一八一五年にイギリス王国に併合されて、一八一八年にスリランカ全島の覇権がイギリスに奪われた。キャンディ王国があったキャンディ地域は険しく、深い山々に囲まれている。島の西側の海岸沿いにあるコロンボの町から、島のほぼ中央部に位置するキャンディの町に行くには、今日では車でおよそ四時間前後かかる。キャンディ地域に近づくにつれて段々と道は上りになり、キャンディの町に近づくとさらに急な上り坂になり、時には急峻な道がジャングルの中をくねくねと続く。道の片方は深い谷、反対側は山を削った崖で、その間の坂道はつづれ折のように細かいカーブが続く。キャンディの町の内部は狭い地域だ。

その昔、シンハラ王朝がイギリスに滅ぼされる以前のキャンディ内部には、狭く厳しいジャングルの中の道以外には道路は殆どなかった。そのため、キャンディ人の間には、「侵入者がキャンディから海までの道路を貫通させるまで、自分たちは決して征服されることはない」という古くからの言い習わしがあったそうだ。しかし、スリランカ政庁の第五代総督バーンズ卿により、一八二〇年に軍用道路の建設が着工され、コロンボとキャンディの間、および山稜地帯に囲まれたキャンディ地域内部の軍用道路が建設された。さらに、島の東側にある海岸の町トリンコマリーの港を繋ぐ軍用道路や、島の海岸沿いの道路網は次々に拡張されていった。このように道路網が整備されていったことによってイギリスの全島統治は完全になった。ポルトガルとオランダによるスリランカ統治では、地理的な領域と社会経済的影響がおよぶ範囲は限定されたものだった。しかし、イギリスによってキャンディ王国が崩壊した一八一五年から、スリランカでは西洋による直接支配が始まった。

イギリスはスリランカでプランテーション農業によるコーヒー栽培を始めた。一八〇三年にイギリス大使の一行は、コロンボからキャンディまで、往路に一ヶ月、帰路はボートを使って十五日もかかったそうだ。イギリスのスリランカ政庁は、初めは軍事目的のために道路開発を積極的に進めたのであったが、道路開発はコーヒー・プランテーションが発展するために偶然に役に立った。そして、プランテーションによって経済が発展していくにつれて、今度はプランテーションを開発することを第一の目的として道路が建設されていったといわれている。

農園で農作業に必要な物資、農園内の住まいを建てる建材、農園で暮らす人々の食料や生活用品などを運び、またプランテーション農園で作られた農産品をコロンボなどの都市や港に運送しなければならない。当時の運送手段は牛が荷車のようなものを引く牛車であった。熱帯雨林の中の道は雨が降ると滑り易くなる上、スコールなどの熱帯地域特有の激しい雨が降れば土砂が流れ、小さな水の流れも大きな濁流に急変する。牛車による運搬は困難を極めたであろう。地勢的な条件が厳しい環境の中にあって、道路が建設されたり、橋が架けられたり修繕されることは、プランテーションを発展させるために非常に重要であったことは容易に想像できる。一八四一年にはコロンボとキャンディの間の道路には石が敷かれて、石の道に修繕された。道路や橋が整備されたことで、荷物を運搬するのに往復三十日から四十日かかっていたのが、六日から八日と大幅に短縮されたといわれている。

さらに、一八六三年から一八六七年にかけてコロンボとキャンディを結ぶ七五マイルの鉄道が完成した。コーヒー産地として重要な各地域とコロンボを繋ぐ鉄道網だ。ゴールは島のほぼ突端に位置している南部の主要な町で、大きな港がある。コロンボとゴールを繋ぐ鉄道網も拡張された。さらに、一八七四年から一八八六年にはコロンボ港に防波堤が建設され、プランテーション経済を支える社会基盤が達成されたといわれている。

【BOX 2】プランテーション（Plantation）

「プランテーション」は広大な面積の土地で、換金用の単一作物の栽培を行う農業の経営様式、または経済で、このような農業経営が行なわれている場所も意味する。この経営様式は大勢の非熟練労働者が単純作業をくりかえす労働集約による。必要な労働力は、例えば、大規模な農園ではココナッツの場合は十エーカー当たりおよそ一人だが、紅茶の場合は一エーカー当たり一人程度といわれている。

スリランカではイギリス植民地時代に紅茶、ゴム、ココナッツ、香料の四つの農産物の本格的なプランテーション経営が開始された。世界ではその他のプランテーションとして、砂糖キビ、コーヒー、パームオイル、パイナップル、バナナ、タバコなどのプランテーションがある。

一方、スリランカでは紅茶やココナッツなどのプランテーション経営の農園は、「**エステート**」(**estate**) と称されている。今日では、それぞれのエステートには紅茶会社の名前などがつけられている。しかし、元々の所有者であるヨーロッパ人の名前などがそのままつけられているケースもある、例えば"Jones Estate"など。本書では「エステート」を「農園」という言葉で記す。

さて、イギリスに統治される以前のキャンディ王国では土地が最も重要な富であり、王は全ての土地の所有者とされていた。土地との関係が人々の地位の上下を決定していた。土地台帳には村ごとに耕地名が記され、その保有者が登録されていた。（澁谷利雄一九八八）

一八四〇年にイギリスのスリランカ政庁は土地法を定めた。新しい土地法によって、土地の権利書などが無いため政府に所有権を明らかに出来ない土地は全て未登録地としてイギリス直轄領地とされた。旧キャンディ王国では農民はチェナと呼ばれる焼畑による移動農耕を行っていた。チェナのために村人が共同で利用する土地は所有者のいない無登録地であったため、イギリス直轄領地とされた。そして、これらの土地はプランテーション農園を経営しようとする人々に安価で販売された。ある資料には、一八五〇年のイギリス国会新聞（British Parliamentary Paper）の記事について記されている。一八四〇年のわずか一日にスリランカの土地を取得した上位十名についての記事だ。上位十名が取得した土地の面積を合計すると一万三二七五エーカーにものぼっていたこと、そして、これらの土地の取得者は全てイギリス人行政官と軍関係者であったことが記されているそうだ。

このように、スリランカ政庁はヨーロッパ人の公務員や軍人がコーヒー・プランテーション経営に参加することを奨励する政策をとった。その一方で、道路と橋の建設や修繕などの社会基盤整備の支援策を推し進めた。これらが大きな要因となって、プランテーション農業は急速に発展したといわれている。一八八〇年前後にはコーヒー輸出の増加によって国家の金庫は膨れ、歳入余剰は道路と鉄道網の拡張に当てられていった。スリランカの歴史家であるデ・シルバやミルズは、「スリランカの経済発展はプランテーション経済の繁栄に依存し、そして、このことはまた道路を建設することによってのみ達成された」ことを強調している。（De Silva,K.M. 1981）（Mills,L.A. 1933）

その昔、アラブ人はこの島をサランディーブと呼んだ。ポルトガル人とオランダ人はさらに訛ってサイランまたはセイランと呼んだのが、セイロン島の名前の由来であるという説がある。一九四八年にイギリス連邦内の自治領として独立し、国名は「セイロン」となった。一九七二年に国名は「スリランカ共和国」に、さらに、一九七八年に「スリランカ民主社会主義共和国」に変更された。

スリランカはシンハラ語で「光り輝く島」を意味している。

(4) 「コーヒー」から「紅茶」へ

紅茶の飲み方はいろいろあることは近頃では広く知られている。何も入れないプレーン・ティー。お馴染みのミルク・ティー。生姜は体温を上げる効果があると注目されるようになって、風邪の予防などにジンジャー・ティーも人気のある飲み方になってきた。そして、ちょっとお洒落な紅茶の飲み方のひとつにシナモン・ティーがある。薄茶色のシナモン樹皮で作られたシナモン・パウダー、または細いシナモンの棒を手で砕いたものを紅茶に入れ、好みでお砂糖を入れて飲むと独特の甘みと香りのする紅茶が楽しめる。

シナモンは気管支炎、発汗、解熱の作用があるといわれているので、風邪気味の時や、喉の調子がおかしいと感じた時などにシナモン・ティーがお勧めだ。シナモンは世界最古のスパイスのひとつといわれている。和名はセイロン・ニッケイ（錫蘭肉桂）と名づけられているほど、スリランカ（かつてはセイロン）は世界最大のシナモンの生産地だった。セイロンは和名で「錫蘭」と書くのですね！今でもあるかもしれないが、私が子どもの頃に「ニッケ」という薄茶色の硬い飴があった。京都の老舗のお菓子で、昔からよく知られている「八ツ橋」は甘いニッキ味が美味しくて人気がある。材料にニッキ（シナモン）の粉末が使われているのだ。

このように、私たち日本人にもなじみの深いシナモンはオランダ統治時代を通じてスリランカが世界で唯一の供給源だった。そのため、オランダ東インド会社がスリランカを統治した一番の目的は、ヨーロッパで需要の高いシナモンを採集して貿易することだった。オランダはジャングルに自生していたシナモンを採集していたのだが、一七六九年にシナモンをプランテーションで栽培するという実験を初めて行い、そして成功させた。オランダの後にスリランカを植民地としたイギリスは本格的にプランテーション経営の農業として、コーヒー栽培を始めた。

コーヒーはスリランカで従来から栽培されていて、オランダ時代には地元の農民が自分の家の庭先で栽培したものをムスレム商人が輸出していた。キャンディ近郊のペーラーデニヤという地には、世界でも有名な立派なペーラーデニヤ植物園がある。一八二三年にバーンズ総督は、この植物園の隣接地の二百エーカーの土地に政府の農園を開き、そこでコーヒーを栽培する実験をして成功させた。彼の友人のG・バードは一八二四年に初めてヨーロッパ人のコーヒー農園を開拓したといわれている。そして、前に記したように、イギリスのスリランカ政庁によるコーヒー栽培のプランテーション事業は急速に発展した。

一方、小規模な土地を所有している地元農民にもコーヒー栽培が促され、コーヒーのピーク時には輸出量の四分の一は農民による生産であった。つまり、スリランカでは最初にコーヒーを栽培するプランテーション農業が始められ、そして、後述するようにコーヒーが葉の病気のためほぼ壊滅した後に紅茶が栽培されるようになった。さらに、大分先取りになるが、今日、コーヒー栽培が、小規模であるが、また進められるようになったようだ。

ビリエールスは一八歳の時にイギリスからスリランカに渡り、紅茶プランテーション産業が本格的に始められた頃に農園主として農園を経営した人物だ。その後に立法参事会の会員（一九二四年～一九三一年）、国家評議会の委員（一九三一年～一九三二年）として活躍した。彼は当時の紅茶農園の農園主と紅茶産業について本にまとめている。ビリエールスによると、一八六〇年代にイギリスでは工業が活発になったのだが、その当時のイギリスでは事務所や工場の仕事でも、または海軍・陸軍の仕事でも競争率が非常に高かった。そのため試験に合格しなかったイギリス人はスリランカでの仕事にひきつけられたそうだ。(Viliiers,T. 1951)

このように、イギリスを中心とするヨーロッパの資本と人々はスリランカのコーヒー事業に関心を高めていった。その結果、一八六四年までにはスリランカ政庁は一般管理の全ての経費を支払うことが出来るようになった。

ところが、まさにコーヒー産業がピークを迎えようとした一八六八年にコーヒーの葉の病気が発生した。葉の病気はその後もコーヒー栽培地域に急速に広がった。ペーラーデニヤ植物園の園長であったスワイテスは、病害になった葉をイギリスの菌類学者のバーケレイに送り、バーケレイはこの菌類をさび病(hemalia vextatrix)と名づけた。さび病はおよそ一八八二年までに島中に広まり、コーヒー産業は一八八六年に実質的に終焉したといわれている。

その原因はいろいろあったでしょうが、例えば、ある文献には、「国の何百マイル四方に、たった一種類の作物を栽培したことに限界があり、それによって引き起こされた結果であった」と指摘されている。他の文献には、「土地が開拓され、コーヒーが植えられたことで、自然の生態系が大きく影響を受けたことによる。例えば、森林伐採により、菌類が広範囲に分散することを防ぐ風の流れを変えてしまったことなどによる」と記されている。

一方、先のスワイテスはたった一つの作物に依存することの危険性を予測した最初の人物であったといわれている。彼はコーヒー以外の他の作物を栽培することを主張して、一八六〇年頃からペーラーデニヤで茶の種の配布を試みていた。コーヒーが壊滅していく中で、茶が本格的に栽培されるようになった。スリランカで茶を栽培したパイオニアはタイラーといわれている。タイラーは一八五一年に、十七歳の時にロンドンからスリランカに渡ってきた。彼はキャンディの南東、約三十キロの地にあるルーレコンデラ農園で、アッサム種の茶の栽培と製茶方法を成功させた。彼は同農園で一八五二年から一八九二年まで経営者ではなくて、農園の管理責任者（superintendent）として働いていた。

このようにしてスリランカの紅茶産業は発展していった。関係資料には一八八二年から一九一四年までの約三十年の間に、茶の生産量は約一九四倍に、茶を栽培する面積は約三十二倍に、生産額は約一五二倍に増加していったことが示されている。わずかの間に飛躍的に発展したのだった。

同時に、一九〇〇年頃から紅茶を生産する工場は機械化されるようになり、生産管理の改善が進んだ。さらに、個人所有の農園経営から会社経営へと転換し、組織化された産業として発展した。一九一四年までにプランテーション部門は産業組織としても発展した。多くの農園はロンドンにある会社が所有し、コロンボにある代理会社（エージェント・ハウス）が中間組織として農園を運営管理していた。代理会社の運営方法は、経験のある農園管理責任者自身が農園を訪問して管理するというものだった。コーヒーでの失敗を再び繰り返さないために、紅茶産業関係者は良質の茶を生産するために注意を払い、また、農園主と農業省は協力しあうようになった。さらに、一九二五年に茶研究所が設立されて、茶の栽培方法や製造方法はより科学的になった。その結果、紅茶はスリランカで最も重要な産業となり、「セイロン紅茶」は世界中で愛される飲み物として広まっていった。

(5) 地元社会とプランテーション農業

コーヒー・プランテーションの成功と失敗を経験した後に、茶・ココナッツ・ゴムの三つのプランテーション経済がスリランカの主要な経済部門となった。

コーヒーが全滅して紅茶に転換した後は、地元の農民は紅茶栽培には参加しなかった。紅茶の生産には、摘んだ生葉は直ぐに発酵・乾燥・包装という一連の加工作業が必要なため、農園内に設備の整った大規模な工場を設置することが不可欠である。さらに、茶は一年を通じて採取するため、農園にいて、茶樹と大勢の労働者を管理して農園を運営する監督者がいることが重要である。有能な監督者を効率的に使うことで、大規模農園はより利益をあげることができるという規模の経済が働く。そのため大規模なプランテーションであるほど利益性が高くなる。

植林してから茶葉を摘採できるまでには三年から六年かかる。加えて、茶は一年を通じての栽培のため、市場に出荷できる程度の質を保つためには、地元農民が自分の田畑の仕事と併用しながら行なうという家庭労働の規模の栽培では困難であった。そのため紅茶栽培では地元農民は参加できなかった。しかし、十九世紀末から活発になったゴム・プランテーションでは、農民は仕事の時間に縛られることが少ないため、労働に参加していった。さらに地元民は輸出経済の周辺部の仕事に従事していった。

一方、地元社会の上層部に属している人は農民から強制的に労働奉仕を引き出す力を持っていた。彼らは旧来の奉仕労働力を巧妙に効率的に使って、道路建設のための労働力を管理する仕事や、コーヒーや物資を運搬する仕事に従事した。そのような仕事を通じて、彼らは自分たち自身の富を蓄積していった。また、商人たちはプランテーションのために森林を開拓する事業や、ヨーロッパ人農園主が住む邸宅の建設を請け負った。

先のビリエールスは農園地域のひとつであるバドゥッラで、ヨーロッパ人の好みに合わせて町並みが作られたことを記している。「初期の頃にはヨーロッパ人は独裁的な権力を持ち、労働力は無制限に使うことができた。そのため、衛生設備が整っている通りや主要な建物が建てられて、絵の様に美しい町並みが造られた」。山奥の切り開いた土地に造られた絵のように美しい町並みとは、どのような風景だったのだろうか。

伝統的な牛車による輸送では、輸送業者と労働者の両者ともシンハラ人が独占していた。つまり、このような地元の人が請け負った商い、道路建設、輸送、物資供給の商業活動などにはヨーロッパ人は入り込むことが出来なかった。そのためシンハラ人の独占部門として開拓され、発展していった。鉄道が建設された後には、地元の労働者は鉄道を運営する仕事についた。他方、牛車を使っていた地元の運送業者は、二十世紀の初期にはバスやトラックの運送業を独占して、運送業経営者として大成功した。

そして、地元の伝統的な上層部集団、または新しく成長した商業資本家を含むスリランカの中間層は、自らもプランテーション農園を経営するようになった。ゴム農園の経営はヨーロッパ人よりも地元民が大部分を占めるようになった。さらに、その後に発展したココナッツ農園は地元民によって独占された経済になったといわれている。紅茶農園を経営するには、初めの頃は大規模な設備を必要とするため地元の人の参加は少なかったが、一九三〇年代になると、シンハラ人やタミル人、特に主に北部に住んでいるジャフナ・タミル人も小規模な紅茶農園を始めるようになった。彼らはスモール・ホールダーと呼ばれている。スリランカ人が経営する紅茶農園は増加してゆき、スリランカ全体で紅茶が栽培されている土地の総面積の約半分を占めるまでになった。

ミルズは、「プランテーション経済により、スリランカはそれまで経験したことの無い繁栄の時代にはいっていった」と記している。一方、デ・シルバは、「二十世紀に入る頃には、スリランカの総輸出額九〇八〇万ポンドのうち、紅茶は五三七〇万ポンドで、約六〇パーセントを占めるに至った」。「プランテーション経済の発展により、二十世紀初期には スリランカの人々の生活水準は、シンガポールと連邦マラヤを除くと、多くの南アジアと東南アジア諸国よりも向上した」と記している。プランテーション経済の中でも、特に紅茶がスリランカ経済を大きく支えていたのだ。

しかし、スリランカ政庁はプランテーション経済の発展を最優先したが、他方において、伝統的農業と稲作地域の開発を無視したのであった。西部と中央地域はプランテーション経済活動からの何らかの恩恵があったが、特に乾燥地帯においては、稲作を始め農業は発展せず、農民の多くはスリランカ政庁の政策から除外されていた。そのため穀倉地帯である乾燥地域の再開発は遅れ、稲作地の生産性はアジアで最低の中に入り、この傾向は少なくとも一九三〇年代末まで続いた。他方、古代の灌漑設備は破壊されたまま放置された。そのため、マラリヤを媒体する蚊の温床となり、マラリヤ汚染は深刻であった。十九世紀の最後の四半世紀と二十世紀の初めの十年の頃は、穀物税や伝統的農業部門の放置などの諸要因が重なったため、飢餓に近い状況に陥り、農村部では慢性的な貧困や飢えが国中に、特に乾燥地帯に起きていたといわれている。

デ・シルバは、イギリス植民地政府は平和と安定をこの島にもたらしたが、シンハラ人農民の厳しい状況を取り除くことは殆ど無かったと指摘している。

2　茶畑で働いている人々

(1) スリランカの特徴 —— 多様性のある社会（多民族・多言語・多宗教）

「紅茶のふる里」ではどのような人が茶の木の世話をしたり、茶の葉を摘んでいるのでしょう？このような問いかけはちょっと不思議に感じられるかもしれない。日本では代表的な茶の産地、例えば、静岡や京都の宇治で茶を栽培しているのは、茶栽培農家とか、茶の商いをしている会社の社員か関係者などだ。しかし、スリランカの紅茶農園で働いている人のほとんどは、「インド・タミル人」という民族集団である。

スリランカは多民族社会で、多数派はシンハラ人だ。二番目に大きな民族はタミル人だが、タミル人は二つのグループがある。グループのひとつは古来よりスリランカに住んでいる「スリランカ・タミル人」だ。もう一つのグループはイギリス植民地時代に南インドのタミル・ナドゥ州から移動してきて、次第に定住した人々で、一九一一年にスリランカの人口統計で初めて、「インド・タミル人」と類型された人々だ。インド・タミル人は商人や、都市部の港湾などで働いている人もいるが、主に農園の労働者として定住した。《はじめに》で少し触れたように、紅茶農園の敷地内に住いが与えられていて、そこに家族と一緒に住み、大工などの仕事についてい

《表2・1》スリランカの人口（全国・紅茶農園の多い５つの県、民族別）2012 年

	人口		内、農園部門	
全国	20,359,439	100%	376,946	4.4%
キャンディ県	1,375,382	6.7%	177,398	6.2%
ヌワラエリヤ県	711,644	3.5%	118,929	53.5%
バドゥッラ県	815,405	4.0%	47,800	53.4%
ラトゥナプラ県	1,088,007	5.3%	176,500	9.1%
ケーガッラ県	840,648	4.1%	83,795	6.8%

	人口	シンハラ		スリランカ・タミル		インド・タミル		スリランカ・ムーア	
全国	20,359,439	15,250,081	74.9%	2,269,266	11.1%	839,504	4.1%	1,892,638	9.2%
キャンディ県	1,375,382	1,023,488	74.4%	69,210	5.0%	85,111	6.1%	191,570	13.9%
ヌワラエリヤ県	711,644	282,053	39.6%	32,563	4.5%	377,637	53.0%	17,652	2.4%
バドゥッラ県	815,405	595,372	73.0%	21,880	2.6%	150,484	18.4%	44,716	5.4%
ラトゥナプラ県	1,088,007	947,811	87.1%	54,437	5.0%	62,124	5.7%	22,346	2.0%
ケーガッラ県	840,648	718,369	85.4%	17,861	2.1%	43,748	5.2%	59,997	7.1%

（出所）Department Of Census and Statistics, Sri Lanka, 2012 より筆者作成
Table A1 Population by districts and sector,
Table A3 Population by district, ethnic group and sex

る人もいるが、ほとんどの人は農園の仕事をしている。彼らは通称、プランテーション・タミル人（Plantation Tamil）、または、エステート・タミル人（Estate Tamil）と呼ばれていた。本書では「農園タミル人」という言葉を使う。

スリランカの社会経済統計では、都市部門（Urban Sector）、農村部門（Rural Sector）、農園部門（Estate Sector）の三部門に別れている。「スリランカ統計庁」の公式サイトに、地区別、部門別の民族の人口が示されているので、《表２・１》に二〇一二年の人口を簡単にまとめた。総人口は二〇三五万九四三九人。その内、シンハラ人は約七五パーセント、タミル人は「スリランカ・タミル人」が約一一パーセントで、「インド・タミル人」は四パーセント。アラブ地域から渡ってきたといわれているムーア人やマレー地域からのマレー人は、スリランカでは「ムスレム」と総称されていて、

約九パーセント。紅茶農園は全国二十五県のうちの十四の県に所在している。ヌワラエリヤ県に一番多くあり、同県ではインド・タミル人の人口は五三パーセントを占めている。

【BOX 3】スリランカの自然・地勢

スリランカはインド半島の先端からおよそ三十キロメートルの距離で、インド洋上の北半球に位置している島国である。総面積は六万五六〇九平方キロメートルで、日本の約〇・一七倍、または北海道の約〇・八倍だ。島の中央部のやや南寄りは山稜地帯で、最高地点は二五二四メートル。熱帯モンスーン地帯に属しているが、北東モンスーン期は十一月から三月、南西モンスーン期は五月から九月。降雨量の少ない北部・東部・東南部は乾燥地帯、一方、南西部は湿潤地帯として区別されている。

全島は行政面で九つの州(プロビンス)と二十五の県(ディストリクト)に分割されている。地理的・行政的な区分とは別に、歴史的経緯により、文化、慣習制度、価値観、そして人々の認識などによる特徴から、社会的に大きく三つに類型されるといわれている。

第一は「低地」で、島の西側から島の南端にかけての南西沿海地域を指す。スリランカ最大の都市であり、少し前までは首都であったコロンボは、この低地のほぼ中央に位置している。首都のスリ・ジャヤワルダナプラ／コーッテはコロンボの南に位置している。

第二は「高地」。島の中央部の丘稜地で、キャンディ地域を中心とする一帯。キャンディ王制の支配下にあった地域で、古都であり、現在もスリランカで二番目に大きな町であるキャンディが中心地である。さらにヌワラエリヤ、ハットン、ウヴァなど紅茶農園が広がる地域。

第三は、乾燥地帯の北部地域とタミル民族が多いジャフナ半島および東部沿海地域。


宗教は世界の四大宗教があり、言語も多様だ。シンハラ人の多くは仏教徒で、母語はシンハラ語。タミル人の多くはヒンドゥー教徒で、母語はタミル語。ムスレムはイスラム教徒で、言語はタミル語だ。そして、およそ〇・二パーセントほどの少数だが、オランダ人と現地の人の混血の「バーガー」がいて、彼らの宗教はキリスト教で言語は英語だ。英語は連結語、または共通語として用いられているが、特に上層部の人々の間では日常的に用いられている。シンハラ人とタミル人のキリスト教徒も少なくない。キリスト教もローマ・カトリックや英国国教会など多数の宗派がある。したがって、民族と宗教、そして言語は必ずしも一致していないといえる。特記したいことのひとつは、英語が話せることは社会の上級階級に属していることを表しているといえることだ。公的書類は英語で書かれているものが多い。スリランカではソーシャル・

モビリティ、つまり、社会階層の中を上昇していくために、良い仕事に就くために、英語ができることは必須条件といえる。

一方、一般の市民も農園コミュニティの人も、学校教育をきちんと受けている人は英語を話す。後に詳述するが、一九七〇年代に土地改革が行なわれて、外国人の農園経営者や管理者は撤退させられた。土地改革以前には農園管理責任者や工場長はヨーロッパ人、多くはイギリス人だったので、彼らの下で働いていた農園タミル人監督者などは英語を話す。このような人はある程度教育レベルが高く、英語能力もあったので農園の仕事も労働ではなく、外国人管理者から指示や指導を受けてタミル人労働者を監督する位置にいた人だ。近年では学校で英語力を身につけた若い人が増えてきている。そのため私はタミル語やシンハラ語はできないが、ありがたいことに農園コミュニティの人とコミュニケーションができるのでとても助かる。

横道にそれてしまったが、民族の多様性の話にもどろう。現地で二〇〇〇年代初めの頃に、あるスリランカ人に民族についての話をすると、彼は次のように答えた。「スリランカの人間は全てスリランカ人なのだから、民族別に特に分けることは意味がない。民族を意識するから、いろいろと摩擦が起きる。皆一緒なのだ」。私も本当にそうだと思う。日本人である私には、スリランカの人は皆スリランカ人だ。

しかし、同時に、スリランカを理解するために、多様な民族や宗教のある社会だということや、それぞれの民族に関する歴史などについて、おおまかでも知識として知っていることは大事なことだと考える。近年は日本も国際結婚は多く、日本で様々な国の人が暮らすようになった。しかし、長い間、ほぼ単一の民族で、方言はあるにしても、単一言語の社会環境にいる私たちは、ともすると民族の複雑な関係性や歴史などの社会背景に意識を向けないまま、表面だけを見てしまう可能性があるともいえよう。基礎的知識を少し知った上で人々と接すれば、デリカシーを必要とする場面などで礼を失することは避けられると思う。そのため、民族集団についてもう少し説明させていただく。

それぞれの民族はさらに細分化されている。多数派民族のシンハラ人は大きく二つの集団がある。高地（アップ・カントリー）を中心にしているキャンディ・シンハラ人（または高地シンハラ人）と、低地シンハラ人だ。キャンディは最後までイギリスに抵抗したキャンディ王国があった地域であったことから、キャンディ・シンハラ人は純粋のシンハラ人という自負や誇りを持っているといわれている。一方、低地シンハラ人は島の南西沿岸部低地のシンハラ人だ。彼らはポルトガル、オランダ、イギリスなどの植民地勢力が進出するに伴って、早い時期から力をつけて台頭した人が少なくない。ココナッツやゴムの小規模なプランテーション農園，ヤシ酒製造、または地方の運送業などに携わるようになった。そして時代が下がるにつれて、彼らの中から多くの富裕層がでてくるようになった。子弟の英語教育に熱心で、キリスト教徒になった人も多いといわれている。

スリランカの島はインド半島と近いので、昔からインドとの間で人の往来や交易は自然にあった。古来よりスリランカ沿岸地域を含むインド洋の海岸貿易は、南インド商人コミュニティが支配していたといわれている。前に記したように、十四世紀には北部のジャフナ地域にタミル人のジャフナ王朝があったが、ジャフナ王朝は一六二〇年にポルトガルによって滅ぼされてしまった。主に北部のジャフナ地域と東部のトリンコマリー地域では、「スリランカ・タミル人」が多数派民族だ。

そして、十九世紀初頭頃から、主に南インドから商人、自由移民、そして農園の労働者などがスリランカに移動してきた。このグループの人口が増加したために、「スリランカ・タミル人」とは別に、「インド・タミル人」と類型された。

インド亜大陸には南部のタミル・ナドゥ州を中心にタミル民族が存在している。しかし、「インド・タミル人」と呼ばれる民族集団はいない。広大なインド大陸の複雑な民族について研究されている辛島昇先生は分かり易く纏めておられるので、参考までに先生の著書の一部の要約を以下に記す。「インド亜大陸において［民族］なる語は、歴史の長い過程を通して存在し続ける固定的な実体に対して用いられるのではない。歴史の時期、時期に、何らかの理由によって一つの［われわれ意識］をもった、まとまった集団、――一定の言語、一定の地域、一定の身体的特徴、あるいは生活習慣などの共有は条件として存在するのだが、そのような状況的に成立した集団に対して用いられるのだということになる」。

そして、辛島先生はタミル民族について以下のように述べている。「タミル人とはインド半島南部に集中しているドラヴィダ民族、タミル言語、ヒンドゥー教を基本的な特徴とする。ドラヴィダ民族の祖先は紀元前三五〇〇年頃に、イラン東部の高原からインド亜大陸西北の平野部に進出してきたと推測されている。紀元前八〇〇年から五〇〇年の間に、南部で原タミル語（タミル祖語）が現出した。その個別言語のひとつであるタミル語はインド共和国南部のタミル・ナドゥ州の公用語となった。［ヒンドゥー教徒］を強いて定義すれば、それはヒンドゥー教社会に生まれ育ち、インド古来の宗教的心性を知らず知らずに身につけた人ということになろう」。（辛島昇　一九八五）

このような民族的帰属性をもつ集団が、十九世紀からスリランカの農園などに労働者として移動した。農園労働者であった人の中で、特にヘッド・カンガーニや上位カーストに属する人は徐徐に経済力をつけて農園の外に出て、都市や農園地域の町で商売や交易などで成功して、生活基盤を確立した人も少なくない。また、それらの商店の事務員や店員などとして働く人も増加している。つまり、紅茶農園で働いている通称「農園タミル人」は、「インド・タミル人」の下部グループのひとつである。

このようにタミル人は二つのグループに分かれているが、共に南インドを出自とするタミル民族で、母語はタミル語である。宗教は両者ともそれぞれおよそ八五パーセントはヒンドゥー教で、残りはキリスト教であるといわれている。しかし、二つのグループは幾つかの点で、また両者がお互いを認識する点において、異なる社会集団といえるのである。

二〇〇三年七月二十七日に、知人の紹介でコロンボの中心部に住んでいるジャフナ・タミル人のK夫妻を訪問した。スリランカ・タミル人の中でも、特に北部の中心地であるジャフナの出身者は「ジャフナ・タミル人」と呼ばれている。K夫人はコロンボの街の中心にあるスリランカ中央銀行の経理課に勤務しておられた。当時、長男はイギリスの大学院に留学中で、弁護士の資格をもっている長女は家族でカナダに移住していた。K夫妻が用意してくださった夕食をご馳走になっている時に、隣家のシンハラ人のおばあさんが訪ねてきた。おばあさんは居間の椅子に腰掛けて、K夫妻と仲良く英語でおしゃべりを楽しんでいた。人々は日常生活の中で民族や宗教などを意識することなく、自然体で仲良く付き合っている。しかし、その一方でK氏は、「私たちジャフナ・タミル人はジャフナ王族のロイヤル・ファミリーの子孫です。インド・タミル人は安い労働者としてこの国に連れてこられたのです。私たちとは出自（origin）が異なるのです」。母語は両者ともタミル語だが、スリランカ・タミル人のタミル語は、インド・タミル人のタミル語と発音や語彙が若干異なるそうだ。K氏によれば、「私たちは純粋なタミル語を話します。しかし、インド・タミル人のタミル語は純粋なタミル語ではありません」。

スリランカ・タミル人の一部過激派組織であるLTTE（タミル・イーラム解放の虎）はタミ

ル人国家の分離独立を主張して、一九八三年以降は政府とLTTEの間の内紛は深刻化し、最終的に終結したのは二〇〇九年五月だ。農園タミル人は一貫して独立には反対の立場にいた。CWC議長のS・トンダマンは、「スリランカは自分たちのホームであり、他の民族と共存してスリランカで平和に暮らしていくことを強く願っている」と明言し、実際に分離独立の活動には一切参加しなかった。

一方、当然のことだが、シンハラ人村民と農園タミル人の間にも自然な交流はある。例えば、二〇〇二年に高地のノーウッドの町でシンハラ人村民と結婚した二名の紅茶農園出身のタミル人女性と話をした。当時は内紛が激しい状況にあった彼女たちは「経済的に苦しいですが、親族は互いに助け合って暮らしています。しかし、子どもたちのことが心配です」と話してくれた。

⑵ 農園タミル人＝新天地を求めて南インドから移動してきた人々

十六世紀以降にヨーロッパを中心に世界経済システムが発展したことは前述した。その中で資源や財が周辺部社会から世界規模で移動するようになったが、人間も労働者として国境を越えて移動する動きが起きた。十八世紀末にイギリスにおいて奴隷貿易を批判する動きが起こり、一八三四年にイギリス帝国全域において奴隷制度は廃止された。しかし、奴隷制度が廃止されたことによって、植民地のプランテーションや鉱山、また鉄道建設などで働く労働者が不足するという問題が起きた。このような時代背景の中で労働力の需要を満たすために、海外へ出稼ぎにいく労働者が周辺部社会から増加するようになった。

この時代の主な海外移動労働者はインド人と中国人だったが、特に大量のインド人が移動したといわれている。インドから水路の便の良いビルマ、スリランカ、イギリス領マラヤ、モーリシャス、フィジー、カリブ海諸国、そして東アフリカなどの国々が多くのインド人を受け入れた。イギリス植民地時代のインド人移民の動きについて、デイビスはとても大きくて、分厚い本に詳細に纏めている。(Davis, K. 1951)

余談だが、私は農園タミル人について調べていた二〇〇〇年代前半に、東京高田馬場の早稲田大学中央図書館でこの本を見つけた時、膨大な量の詳細なデーターが実にきちんと整理されて、分かり易く記されていることにとても感動した。それで調べてみると、著者のデイビスはアメリカ人の社会学者であり人口統計学者で、二十世紀の最も卓越した社会科学者として認められていることを知った。大学の図書館に収蔵されているこの本を、これまでにどのような人が手にしたのかなと、少々埃がかぶっている本をながめたものだ。

さて、デイビスによる記録を見ると、十九世紀半ばから二十世紀半ば頃までに、インド人が移動した先の国は、ビルマ(一八五二年~一九三七年)が最大で、二五九・五万人と記されている。ビルマは一八二四年から一九四八年までイギリス領インドに属している一つの州という位置に置かれていた。つまり、インド人にとっては、当時は外国への出稼ぎ移動ではなく国内移動であったといえるかもしれない。「ビルマ」の現在の国名はミャンマー連邦共和国、通称「ミャンマー」だ。二〇一三年に訪ねたミャンマーは、どことなくスリランカの風土に似ていて、私には居心地がよかった。その次に多かった国はスリランカ（一八三四年～一九三八年）で、一五二・九万人。三番目がイギリス領マラヤ（一八八〇年～一九三八年）で、一一八・九万人であった。

海外移動労働者に関して注目すべき点があった。それは、スリランカ、イギリス領マラヤ、ビルマの三つの地域と、その他の諸国へのインド人の海外移動の形態は異なっていたということだ。後者はモーリシャスやフィジーなどの砂糖プランテーションへの海外移動で、移動形態は年季契約制度と呼ばれていた。主にインド北部の山岳民族の人は、年季契約労働者としてカルカッタから出航した。主に五年間という期限があって、個人による労働契約で前払いをもらう負債移民という形であった。しかし、強調されるべきことは、この制度は仕事を求めていた人の困窮や無知につけこんで騙したりする組織的な勧誘制度で、実態は強制労働であったといえることだ。働き先のプランテーションでは労働関係が刑罰や脅しによる事実上の強制労働であったケースも少なくなかった。働きに出た労働者の死亡率は高く、帰国できた人は少なかったそうだ。イギリス人のティンカーはこの制度を「新しい奴隷制度」(New System of Slavery)と記している。(Tinker,H. 1974)

一方、主に南インドのタミル人はマドラスから出航して、季節労働者としてスリランカなどの三つの地域へ移動するようになった。しかし、出稼ぎ労働者を調達する方法は先の年季契約制度とは異なっていた。スリランカとイギリス領マラヤではカンガーニ制度とよばれる制度で、スリランカに発祥した独自のものといわれている。ビルマは米を耕作するための労働者で、徴募方法は同じ形態だがメイストリ制度と呼ばれていた。

カンガーニ制度の「カンガーニ」(kangāni) とは、タミル語で「見張る者」「監督者」を意味する。カンガーニ制度は、はじめから労働者を調達する制度として意図して作られたのではないと記している文献もある。初期の頃、インドからの出稼ぎ者は二十人から三十人の集団になって、自分たちでスリランカの農園地域にやってきた。農園主は農園地域の町や道路などに群れている集団を見つけて、自分の農園に連れてきた。労働者集団は親族、知合い、近隣者からなり、その中の年長者の一人がカンガーニになったと推察されている。カンガーニは労働者集団内部の問題を処理したり、民主的に選出されたリーダーとして仕事の交渉にあたった。彼のそのような苦労に報いるために、集団の人は自分たちの賃金の一部を彼に渡したといわれている。農園が増加すると、農園主たちは労働者の調達をカンガーニに依頼するようになったようだ。カンガーニはインド農村部の自分の故郷で血縁や地縁に基づいて労働者を集め、労働者集団の長としてスリランカの農園まで連れていった。農園では自分の下の労働者を監督、監視し、農園主と労働者の間の媒体者としての役割を行い、労働者の生活面や金銭面も含めて世話をし、さらに自分も労働者として働く、という多様な役割をもつようになった。農園の効率性と生産性はガンガーニに依存する体制となり、カンガーニ制度として確立していった。

時代が下がると、小さな労働者集団が複数纏まって大きな集団になって、スリランカの農園に移動するようになる。小さな集団の長はカンガーニ、大きな集団の長は「ヘッド・カンガーニ」と呼ばれる比較的高いカーストの人で、大きな力を持った頭目であった。

今日、茶畑ではおよそ二十名のプラッカーと一名の男性の監督者がグループになって茶摘の仕事をするが、監督する役目の男性は「カンガーニ」と称されている。つまり、多くの場合、インドから移動してきた労働者小集団がそのまま農園の茶畑で働く労働者グループになったといわれている。そのため、集団内部では、カーストや親族の関係性に沿った人間関係は今でも続いているといわれている。

(3) 人々を動かしたプッシュ要因とプル要因

農園タミル人はその昔、イギリスのスリランカ政庁やヨーロッパ人農園主によって何もわからないまま騙されて、または強制的に、故郷のインド農村部からスリランカの農園に連れてこられた、というように書かれている資料や書籍は多いように思う。つまり、彼ら自身は主体性のない、一方的な被害者の立場にあった、というような面が過度に強調されているように思えることが少なくないようだ。私も農園タミル人コミュニティ関係者と話をすると、そのような意見をよく聞いたし、今日でも耳にする。スリランカの農園に働きに行くという移動労働の実態を人々がどれほど正確に認識していたかは不明である。歴史の流れの長い時間と、雑多な事象が複合的に絡み合う空間の中で、さらに個々人のいろいろな意識や感情、環境などもあり、多様なケースや様々なことがあったであろう。実際はどうであったかを一概に、単純化して捉えることはできないと考える。

農園タミル人の多くは一方的に騙されて連れてこられたというよりも、南インドの苦境から逃れて、新しい機会を得ることができると期待して、自分たちの意思で移動した面も大きかったということが様々な文献に記されている。

例えば、上述のティンカーは、「インド人労働者がスリランカの農園へ移動していった流れは、南インド人が自分たちの社会の外で仕事を求めようとする「自由な」移動から始まったのであり、イギリス本国の植民地省はこの動きをアイルランド人がイギリスへ移動する流れに類似していると捉えていた」と記している。

スリランカへ渡った移動労働者の多くは南インドのマドラス州からの人であったといわれている。インドで発生した一八七六年の飢饉は十九世紀最大の飢饉のひとつで、およそ二十万平方マイルの地域を襲い、飢饉による死者数の三分の一はマドラス地区であった。一九〇一年の飢餓委員会は十九世紀にインドで発生した飢饉による死者数は約千九百万人と推計していた。

(Moldrich, D. 1988) 当時、信じられないほどの多くの人が飢饉で亡くなっていたのだ。

当時の南インドの社会には伝統的因習が人々を経済的社会的に束縛していたことも指摘されている。ティンカーはマドラスの保護官の書類に基づいて、「一八四〇年代のタミル地域では土地なし労働者は生き残るために望みの無い闘いを強いられており、中でもアンタッチャブルの人々の間ではその傾向は際立っていた。マドラスから出航した南インドからの移動者はアンタッチャブルが多かったことが特徴であった」と記している。

さらに、南インドでは人口圧力があったことも指摘されている。スリランカへの移動労働者が多く出たマドラス州の三つの県の人口密度は、平方マイル当たり約二四〇人であったのに対して、スリランカでは約七十人だった。

一方、南インド農村部からの移動労働者は社会経済的に非常に苦しい状況の中に置かれていた被抑圧カースト層や低カーストだけではなかったこともいわれている。例えば、人々は海外で三年から五年ほど働いてインドの故郷に帰り、土地または土地の所有権を購入することが出来るだけの資金を貯められると計算し、海外労働による社会経済的向上を期待したのであった。カンガーニは、貧困の中にいる南インドの農民に、スリランカでの生活をなんでも手に入るような「黄金郷」のように描いたのであった。そして、南インド農村部の貧困層が思い描いた絵がプッシュ要因になった。

インド側のプッシュ要因が作用した一方で、スリランカ側にもプル要因があった。農園主はインドのマドラス管区の通常賃金より高額を払うことで、必要なインド人労働力を確保できると考えて、少しだけ高い労賃を支払ったと推察されている。初期の頃、コーヒー農園で働いた労働者は賃金をインド・ルピーで受け取って故郷に持ち帰った。このように、スリランカ側のプル要因は農園主によって意図して作られたといえる面があったようだ。

ひとたび起動し始めた人々の移動の動きは、それ自身のダイナミズムを生み出した。コーヒー時代の農園主にとっては、堆積していく南インドの労働力から必要に応じて、必要な時に引き出すことのできる経済的な労働力であった。一八五四年にキャンディに農園主協会（Planters' Association.）が組織され、農園主協会は力をもつようになったといわれている。インド政府、農園主協会、イギリス植民地省、そして、イギリ社会の監視の中で、スリランカ政庁はプランテーション経済を発展させるために、インド・タミル人労働者の雇用環境を整備していった。

十九世紀半ば頃のコーヒー時代の半世紀に、十二回もスリランカとインド農村を往復した人もいたと推定されているそうだ。スリランカへ入国、またスリランカからインドへ出国したインド人の調査は多数あるようだが、それぞれが完全性や正確性に欠けているといわれている。しかし、例えば、農園主協会が発行した第一回公式人口統計では、一八四三年から一八八〇年の間に、南インドからスリランカに渡ってきた労働者の総人数は二七〇万人と推計されている。

⑷ 地元農民と農園の仕事

農園では海外からの移動労働者に依存するようになった、では、地元農民はなぜ農園で働かなかったのか、という疑問がでてくる。先にも触れたがここでもう少し記そう。

イギリスによる植民地統治が始まった頃、ジャングルに覆われていた地域でプランテーション農業を発展させるために道路を建設したり、橋を架けたりすることは重要だった。道路を建設するためには安い労働力を効率的に調達できることが不可欠であった。シンハラ人社会には古来より「ラージャカーリヤ」という、王に対する賦役制度があった。これは労働奉仕によって身分が保障されるという制度だ。植民地統治の初期の頃、道路建設にこのラージャカーリヤ制度が使われたといわれている。つまり、地元民の労働奉仕によって道路は建設された。「ラージャカーリヤ制度がなかったならば、植民地統治が始まった頃の道路建設は完成できなかったであろう」とスリランカの歴史学者は記している。

この制度は決して権力者による強制的な労働ではなかった。しかし、イギリス帝国内の奴隷制廃止の動きの中でイギリスは人道主義の見地から、この制度を受け入れがたい封建主義的遺産であるとした。一八三三年にイギリスはスリランカの近代化改革を行い、その中でラージャカーリヤ制度を廃止した。イギリスは、地元民はこの制度によって義務的労役を負わせられていたが、制度が廃止されたことによって義務的労役から解放されたのであるから、プランテーション農園での定期的な仕事で働くであろう、と予測した。ところが、農園主は地元農民から農園で働く労働者を調達することはできなかった。

プランテーション農園で働けば賃金を得ることができるのに、周辺の村の地元農民はなぜ農園の仕事につかなかったのでしょう。いろいろな理由が様々な文献に記されている。例えば、「農民が農業をして得られる生産物は少なく、人がやっと生活できる程度の最低レベルであった。しかし、ジャングルには自然の恵みがあり、人々はそれらを手に入れることができるため、農村での生活は飢えることはなかった。それに比べて農園の賃金は非常に低く、生活条件は悲惨であった。例えば、十フィート四方の部屋に十六名のクーリーが生活していた」。(Craig,J.E.Jr. 1970) 大雑把に換算してみると、六畳ほどの広さの部屋に十六名ということになる。

または、一八四〇年当時について、ある観察者によって書かれた記録には、「コーヒー農園での仕事が、たとえ、より儲かり、より苦労が少なかったとしても、シンハラ人は彼らの生活文化の中で仕事をすることのほうを、コーヒー農園で強制労働することよりもはるかに好んでいた」と記されているそうだ。これらの記録から、地元の村人がプランテーション農園の仕事に参加しなかったのは、管理人から指示され、監視されて働く農園での賃金労働に対するシンハラ人村民の感情や考え、というような広義の文化的要因によるといえるのかもしれない。

今日、西海岸のコロンボと中央高地は立派な幹線道路で繋がっている。コロンボから「ルートA4」を行き、隣のサバラガムワ州の州堺のアヴィッサウェッラからは「ルートA7」に入る。「ルートA7」は平野から段々と標高が高くなり、熱帯雨林、つまりジャングルに囲まれている農村地域になる。中央州ヌワラエリヤ地区との州堺の町キトゥルガラまでの間は、主にシンハラ人の農村地帯である。キトゥルガラから上はプランテーション農園のために開拓された地域で、今日でも主に紅茶農園だけが広がっている地域である。「ルートA7」はアヴィッサウェッラから、ヌワラエリヤまでを繋いでいる幹線道路で、地図に明記したので参照されて下さい。

シンハラ人の農村地帯は自然の恵みが豊かな生活環境にあることがわかる。シンハラ人の村人は一〜二エーカーの土地を所有しているそうだ。高く、大きく、どっしりとした様々な樹木が鬱蒼と茂っているジャングルの中に切り開かれた「ルートA7」の片側は渓谷で、渓谷の対岸から向うには山、また山が重なっている。反対側は道路からすぐに高い傾斜面で、狭くて、相当急な勾配の斜面しか耕作地はないようだ。そのような急勾配の斜面に、茶の木やゴムの木が混在して栽培されている。さらに熱帯雨林に育つ様々な果物の木々が，一見すると雑然と植えられている。ココナッツ、バナナ、マンゴー、パパイヤ、ランブータ、マンゴスチン、ドリアン、ジャックフルーツ、コーヒー、ココア、パンの実、ウッドアップル、そして、ドラゴンフルーツ。さらに、シナモンや胡椒などなどのスパイスも採取される。季節ごとに代わる代わる実をつけるこれら果物を、村人は町に持って行って売る。紅茶やゴムを栽培するようになったのはイギリス植民地政策の影響であろうが、シンハラ人村民は昔から様々な品種の果物や植物をさほどの苦労もせずに採集して、飢えることも凍えることもなく、のどかな生活をおくっていたのであろうと想像できる。多くの熱帯果実などはとても美味しい上に、栄養価も高く、食べ応えもあり、軽いデザート感覚だけではなく、しっかりと腹持ちのする食料だ。スリランカでは特にバナナは、種類は豊富で味は濃厚で、実に美味しい。バナナの花もカレーの具材として食べられている。

プランテーション農園事業が始められた頃から、地元民が農園労働者として働こうとしなかった理由の一つとして、シンハラ人農民は怠け者であったから、というような見解をちょっと見たことがある。私が今日、実際に見聞きできる農村状況と当時とは異なる部分もあるでしょうが、気候や植生などはほぼ同じと考えられる。農民は厳しい労働環境のプランテーション農園で働こうとしなかった理由を、私なりに分かる感じがする。自然の恵みと、昔からの自分たちの文化の中で暮らすことを選んだのは、とても自然のことだと思う。

他方において、シンハラ人農民は長い間、封建制度の下で土地の首領によって管理されてきたために、農民を動かすには首領を通すという伝統的な慣習があった。つまり、外国人など、彼らの社会の外の人が容易く農民を動員することは出来ない社会構造であったことも理由として指摘されている。

このように初期のコーヒー・プランテーションの時代には、主にヨーロッパ人で外部の人間である農園主は、地元農民の間から農園労働者を雇うことはできなかった。そのため、南インドからの労働者に大きく依存することになった。労働集約型プランテーション経営を発展拡大させるために、どのように安い労働力を効率的に適時に確保するかは、農園主にとって重要な、そして深刻な問題になっていった。それはまた、プランテーション経済を最優先したスリランカ政庁が植民地を運営するためにも重要な課題であった。

(5) 植民地政策の中で優遇された農園労働者

プランテーション経済が成功していく過程で、スリランカ政庁は農園労働力を確保するためにさまざまな施策を行った。他方、インドにおいて、インド政庁はインド人が海外の出稼ぎ先で悲惨な処遇を受けていることに対してインド人移民の監視を強めていった。インドのこのような動きに対して、スリランカ政庁はプランテーション部門の制度と福祉策を整えていった。労働者の労働条件を改善し、無料の住居や医療設備を整え、部分的ではあったが子どものために学校を建設するなど、最低レベルながらも基本的な福祉策を確立していった。一九一二年に医療関係が整備されるようになり、一九二七年には最低賃金法が制定された。農園主には農園労働者にある程度の量の米を補助的金額で与えることが義務付けられた。ところが実際には、賃金はやっと生きていけるだけの最低レベルで、きつい仕事の農園労働者を支える程度のものでしかなく、しかも不安定であった。

このような労働者の労働生活環境を整備する優遇策は、全て、インドから定期的に労働力が供給されるように、そして、スリランカ国内で定住化を促進するために、インド政府に対する政治的措置であった。当時は、道路や鉄道の建設、また都市での清掃などの非熟練労働部門で働くインド人出稼ぎ者は増加していた。しかし、彼らは農園労働者を対象とした最低限ではあるが基本的な保障や保護からは外されていた。

一方、プランテーション農業が始められた当初の頃には、農園の周辺に住んでいたシンハラ人村民と農園タミル人労働者の関係はおおむね良好であったといわれている。二十世紀に入ると、両者の間には経済的な対立関係や政治的な民衆扇動が起こるようになり、関係は次第に厳しくなっていった。しかし、そのような時でも、平均的なシンハラ人村民は社会の動向などに影響されることなく、農園タミル人労働者に対して偏った感情をもつこともなく、両者の間は良好な関係が続いていたといわれている。

しかしながら、上記のように、スリランカ政庁は農園労働力を確保するためにインド政庁に顔を向けた労働者政策をとり、農園労働者の福祉政策を整えていったが、問題はそのような福祉策は農園タミル人だけを対象にしたものだったことにある。そのため、シンハラ人の地元民は不満をもつようになり、農園タミル人に対する反感を醸成させていった。農園労働者だけを特別扱いする福祉策は、独立後に初代首相となるD・S・セーナーナーヤカを含む地元の政治家や、さらに労働者階級の人々の不満の対象になった。

他方、インドにおいて、インド人の海外労働移動の形態の一つであった年季契約制度によって移動した人々が移動先で悲惨な処遇を受けていたため、インド政庁は一九一七年に年季契約移民制度の禁止を最終的に公布した。特にガンジーはインド人の海外移民は年季契約移民制度に限らず、ビルマやスリランカへの移民のような、その他の組織化された移民に対しても強く反対した。そして、最終的に一九三九年八月一日に、インド政庁はカンガーニや農園労働者などの非熟練出稼ぎ者のスリランカへの渡航を禁止した。インド政庁による渡航禁止令の背景には、スリランカの農園ではなく都市部において、インド人移民労働者の問題が顕在化したことがある、と指摘されている。

一方、スリランカにおいて、シンハラ人は増加し続けるインド人移民を規制することを主張し、政府雇用の日給制労働者などを公職から強制的に排除することが決められた。この移民追放策は一九三九年三月に発表されて、同年八月一日に実行された。インド政庁がスリランカへの渡航禁止令を出した同年同月同日であった。（川島耕司　一九九六）

法令によりインド人出稼ぎ者の自由な動きは停止したが、スリランカ生れのインド人の人口は増加していった。コーヒー・プランテーションが始まった初期の頃の出稼ぎは男性の単身者であったが、紅茶時代になると次第に女性や子供の労働者の人数が増加した。スリランカの農園内で労働者同士が結婚し、子どもを持ち、家族単位での定住化が進んだ。独立直前の一九四六年、スリランカの総人口は約六六六万人で、その内、農園居住タミル人だけの人口はおよそ六七万人と推定されている。つまり、総人口の約一〇パーセントを占めていたことになる。大きくなった農園タミル人の人口集団の存在は、スリランカ独立前後から、経済、雇用、政治、そして民族問題との関係の中で重要な課題になっていった。

イギリス植民地時代初期の一八三三年にイギリスによって近代化改革が行なわれた。この近代化改革は、生まれやカーストによる束縛から人々を自由にすることであった。すなわち、移動の自由、法廷へ提訴する自由、土地を処分する自由、職業の自由など、民族やカーストの特権を廃止して法の前で全ての人を平等にするものであった。それからちょうど百年後に新たな改革（ドノモア改革）が行われた。この改革により一九三一年に新しい憲法が発布され、二十一歳以上の男女に参政権が認められた。アジアのイギリス植民地の中で最初に、実質的にアジア諸国で最初に、スリランカで民主主義が開始された。イギリス本国に遅れてわずか二年後という早い時期であった。成人男女に参政権を与えることによって全てのスリランカ人に機会の平等を与えたのだ。また、議会制政治が確立された。

注目したいことは、この憲法によりスリランカは福祉国家へと転換したことだ。先に述べたように、プランテーション経済を最優先する植民地政策により、長い間、農民や勤労者は発展から取り残されていた。しかし、新しい憲法によって農民や勤労者の福祉の向上、教育機会の平等、そして稲作振興のための福祉政策がとられるようになった。例えば、一九三四年に勤労者保障法や妊産婦援助計画が始まった。一九四二年に米の価格を保障して米生産を奨励する米買い上げ計画が開始された。一九四三年に、食料補助プログラムが導入され、健康サービスなどの社会福祉サービスは充実していった。

このようにして、スリランカは貧しいながらも、インドやパキスタン、またビルマよりもずっと高い生活水準を得られるようになった。

⑹ 無国籍に、そして、法的に「スリランカ市民」に

一九三〇年代になると、イギリス植民地政府はスリランカ人へ徐々に政権を移譲していった。民主主義が推進される中で、人口のおよそ一〇パーセントを占めるまでに増加した外国人集団は、特にシンハラ人政治家にとって政治的意味を持つ集団になった。一九四八年にスリランカは独立し、スリランカ人によって憲法が制定されるという国家の大転換となった。そのような大きな変化の中で、新天地を求めて移動してきた人々は、彼ら自身の意識の中にはおそらくな

かったであろう、「国籍」とか「市民権」とか、さらには「生まれを証明する書類」などという問題を突然に突きつけられたのであった。参政権、参政権を得るために必要な市民権、市民権によって保護される市民としての権利の問題が、インド・タミル人の生活環境を根本から揺るがすことになった。

上記にように、一九三一年に二十一歳以上の男女に参政権が与えられ民主主義が成立した。参政権を得る資格は選挙地区に六ヶ月間居住している成人であることだ。しかし、例外として人口統計に「インド・タミル人」と類型されている場合は、「継続して」五年間「居住していること」を書類で証明することが条件であった。多くのインド・タミル人はそのような書類を整えることができなかったため、選挙権は剥奪された。

一九四〇年十一月にスリランカに居住しているインド出身者の地位と、インド人移民の問題について、初めてニュー・デリでスリランカ政府とインド政府の間で会議が開催された。イギリスは、インド人問題は法的に処理する内部の問題であり、将来、スリランカ政府が決定すべきであるとした。一九四八年二月四日にスリランカはイギリス連邦内の自治領（英連邦王国）として独立し、国名はセイロンとなった。同年に市民権法が制定されて、父親がスリランカ生まれで、一九四八年十一月十五日以前にスリランカに生まれたことを証明できる人のみがスリランカ市民と定められた。翌年の一九四九年にインド・パキスタン居住者法が議会を通過し、スリランカ市民権を得るための資格が規定された。必要書類を提出することにより「登録による市民」になれることが規定された。しかし、多くのインド・タミル人は盲文であり、出生証明書などの書類を所有しておらず、また農園を幾度となく移動したりしていたため、彼らが必要条件をそろえるのは事実上不可能に近かった。一九四九年の（国会選挙）修正法により、選挙人公文書から多くのインド出身者は除かれた。その結果、インド・タミル人は一九五三年の人口統計では九八万四三二七人（その内の約八〇パーセントは農園タミル人と推定）であったが、その殆どは、市民権は無く、参政権の無い状態におかれることになった。

第二次大戦の前と大戦直後まで、インド政府とスリランカ政府は紅茶農園にとって大事な農園タミル人労働者の労働問題や生活問題について常に監視をしてきた。紅茶会社や両政府の公的機関は相互に交渉を重ねて、農園タミル人労働者と家族のために法制度を整備するなどの責任を果してきた。しかし、インド市民で無くなった後、インド政府はスリランカに常駐していた政府代理人を引き上げた。その一方、スリランカの政治家は農園タミル人労働者に対する責任は無いものと考えるようになった。その結果のひとつとして、他の全ての労働者を対象とする最低賃金規定から紅茶農園労働者ははずされた。

一九六四年十月にシリマヴォ・バンダーラナーヤケ首相とインドのシャーストリー首相の協議により、同年十二月に協定が締結された。協定は、①五十二万五千人にインド市民権を与え、十五年以内に帰還させる、②同期間に三十万人にスリランカ市民権を与える、③残りの十五万以上については、更に協議する。しかし、実際の処置は遅々としたものであった。市民権を与える人数の割り当て交渉ゲームは、実に一九八八年まで続いた。

一九七二年に国名はセイロンから「スリランカ共和国」となり、新しくスリランカ憲法が発布された。この憲法は国民の基本権と自由を保障したものであったが、無国籍者は憲法に規定されている権利によって護られていないという立場になった。中村先生に依拠して、憲法に規定されている権利について若干、記そう。「権利は大きく二分される。法の前の平等、および、生命・自由・身体の安全を奪われないことは、国籍を問わず全ての人間に保証されている。しかし、以下の基本権は市民権を有するものに限定される。逮捕や監禁からの自由、思想や信仰の自由、集会や結社の自由、移動や居住の自由は市民だけに限られている」。（中村尚司一九七八）多くの農園タミル人は「非スリランカ人」とされたまま、スリランカにとって必要な農園労働力として維持されたのであった。

一九三九年七月にインドのネルーをアドバイサーとして、インド・タミル人の政党ＣＩＣが創立された。インド・タミル人農園労働者の労働組合（ＣＩＣＬＵ）は一九四〇年に形成され、後に名前はＣＷＣに変更され、政党ＣＩＣはＣＷＣの政治部門となった。インド・タミル人農園労働者の労働組合はその後も多数形成されていくが、その中でＣＷＣはプランテーション部門で最初の、後には全国レベルで最強の労働組合になった。

ＣＷＣ議長のＳ・トンダマンは、「農園タミル人はすでに四、五世代この国に住んでおり、彼らの祖先がいた土地はすでに外国なのである。未開であった森林地域を生産地として新たに開拓したのであるから、この島を〈ホーム〉と呼ぶ権利がある」と主張し続けた。彼の考えは、少数派集団である農園タミル人は教育もなく、生活できるぎりぎりの低賃金で、伝統的シンハラ王政がヨーロッパ勢力と最後まで戦った地域である中央高地の真中で、シンハラ人に囲まれて生きていかなければならないという、現実を認識した考えに基づいていた。彼は農園タミル人が安心して暮らせる定住の地、即ち「ホーム」を確保することの大切さを訴えた。そして、彼はインド・タミル人の無国籍問題を解決することを最優先課題として、ガンジーの非暴力（アヒンサー）の信念に基づいて平和的闘争の道を選んだ。その道はサティヤーグラハ（satyāgraha）による平和的解決の道であった。サティヤーグラハとは一九一九年にイギリスに対する闘争戦術として、ガンジーによって提唱された無抵抗非屈服運動である。トンダマンは、インド・タミル人農園労働者はスリランカの人々と対立するのではなく、この国の人々と共に生きていくことを望んでいることを強調したのであった。

ＣＷＣの議員はインド・タミル人の多くが参政権を持たないため、第二回選挙以降は選出されることはなかったが、一九七七年の選挙でＳ・トンダマンは議席を取り戻した。彼は一九七七年八月二十二日に以下のような議会演説を行った。

農園労働者に対する植民地時代の古い処遇は改善されないどころか、さらに悪化している。その結果、今日、農園労働者は囚われの労働者（captive labour）として扱われている。彼らは無国籍状態に置かれているだけでなく、人間的要素のない存在として扱われている。それを終焉させなければならない。二流の社会的存在として、故郷もなく、自分の国もなく、ここに生まれ働いてきたにもかかわらず、何の権利もない。

農園労働者は農園内で生活し、マネージメントから与えられる食料、教育など、すべての面をマネージメントに依存しなければならない。その結果、我々は彼らの主体的創造的本能を殺いでしまった。彼らを社会の主流に組み入れていくべきである。雇用者と被雇用者の関係を維持しながら、農園労働者がこの国の自由市民として自立して、自由に考え、行動できるようにしなければならない。

（Thondaman,S. 1994）

同選挙で統一国民党の単独政権をとったジャヤワルダナは、一九七八年にスリランカ新憲法を制定し、国名をスリランカ民主社会主義共和国とした。そして、初代大統領として就任した。彼は一九七八年にS・トンダマンを地方産業開発大臣として入閣させた。

しかし、当時LTTEはスリランカの北東部をタミル人の「イーラム国」として分離独立することを主張するようになり、政府との間で民族問題は深刻になっていた。ジャヤワルダナ大統領はインド・タミル人の無国籍問題を終決させると表明しながらも、激化してきたＬＴＴＥの紛争問題と一緒に解決する考えであった。しかし、紛争は深刻化していた。民族間の緊張が沈静化しなければ無国籍問題は解決されず、他方、農園労働者によるストライキなどの手段を起こせば民族問題に絡む暴力を噴出させ、軍の鎮圧行動を招く恐れがあった。

一方、一九八四年にスリランカ全党会議が開かれた。その当時、スリランカの民族問題を解決するために、インド政府が介入する怖れがあった。仏教徒組織はインド・タミル人の無国籍問題の解決に異を唱えていたが、インドの介入を阻止させるために、インド国民は送り返し、残りはスリランカ市民とすればインドが介入するいかなる理由も口実もなくなるであろうと考えた。そして、その会議で、無国籍問題の最終的解決が下されるべきであるとする全体的な合意になった、といわれている。(Sabaratnam,T. 1990)

一九八五年十一月十九日にＳ・トンダマンはジャヤワルダナ大統領に公式書簡を送り、翌年の一九八六年一月十二日から三ヶ月間、農園労働者は朝七時から十二時まで、祈りと黙想の「祈りのキャンペーン」を実行すると宣言した。もし、実行されれば紅茶産業は打撃を受ける恐れがあった。一九八五年十二月十八日にジャヤワルダナ大統領は内閣でＳ・トンダマンの要請を原則として承認した。一九八六年一月十三日に農園労働者は「祈りのキャンペーン」を開始した。スリランカとインドの両政府は内密な協議をした末に、一月十五日にＳ・トンダマンの主張を容認した声明を発表した。さらに加えて、インド市民権をいまだに申請していない九万四千人もスリランカ市民として容認された。一九八八年十一月九日に在スリランカのインド出身の無国籍者全員にスリランカ市民権を与える特別法案が議会を通過した。一九九三年にはインド政府が帰還を拒絶した人も合法的にスリランカが受け入れた。

S・トンダマンはガンジーのアヒンサーの信念に基づいて無国籍問題を平和的に解決した。このような事実は強調されてもよいのではと考える。

因みに、トンダマンの父親は一八七九年頃に十三歳で南インドのラムナドの村からスリランカに渡ってきた。コーヒー農園で日賃十三セントのワーカーとして働いた後、紅茶農園のカンガーニになった。一九〇九年にヌワラエリヤの農園を七万五千ルピーで、イギリス在住のオーウェン夫人から購入して、標高四千フィート以上の地域で、四百エーカーの紅茶農園所有者になった。当時、四千フィート以上の地域はヨーロッパ人だけが支配していたプランテーション経済社会であって、地元民の農園所有者はいなかった。つまり、彼は非白人の地元民の初めての農園所有者となった。彼は運送などの他の商売も手がけて大きな私有財産を築いた成功者であったが、社会的影響力を持つ人物ではなかった。

南インドの家族と住んでいたS・トンダマンは、一九二四年に十一歳でスリランカの父親の元に来たのであった。S・トンダマンは一九九九年に逝去、現在は、孫のアルムガ・トンダマンがCWCの委員長兼書記長で、国会議員として活躍している。

3 「紅茶」と「社会福祉」

(1) 紅茶が支えた社会福祉

国際開発コミュニティが注目したスリランカの優れた社会指標

第二次大戦中の一九四二年一月に連合国二十六ヶ国は「連合国宣言」を発した。一九四四年七月にアメリカ合衆国ニューハンプシャー州で、連合国四十四ヶ国の代表によって大戦後の経済再建について会議が行われた。この会議で経済的機構として国際通貨基金（ＩＭＦ）協定と、国際復興開発銀行（ＩＢＲＤ――「世界銀行」と称される。）協定が採択された。一九四五年十月に国連憲章に調印した五十一ヶ国によって国際連合（国連）が誕生した。その目標とするところは世界の恒久平和の維持であり、そのために国際機構と体制を確立することであった。

そして、経済発展が遅れている国々を支援する開発援助が積極的に行なわれるようになった。しかし、発展途上国の問題は所得の相対的不平等だけでなく、絶対的貧困についても計測し、それを政策に反映させることが必要であることが注目されるようになった。絶対的貧困とは所得だけでなく、摂取カロリー、栄養レベル、医療、衛生、健康、教育など、生活にとって本質的に必要なものが欠如していることを意味する。
国連の国際労働機関（ＩＬＯ）は一九七五年に国連機関で最初に基本的必要（Basic Needs）という考えを取り上げた。基本的必要とは、「ある社会が、その社会の人口の最も貧しいグループに設定すべき、生活の最少の基準」と定義されている。関心を向けたいのは、ＩＬＯの基本的必要の考えには労働の質を、主観的にも客観的にも高めようとする視線がある点である。人は所得を得るためだけに働くのではなく、自分の仕事に価値をみいだせることも重要であることが論じられている。働くことに経済価値以外の、人間としての尊厳を保つことの大切さを強調している。このような考えに基づいているＩＬＯは、スリランカの紅茶農園労働者に注目して、何が問題なのかを調査し、それらの解決に取り組んできている。
一方、世界銀行も基本的必要の考えを重視するようになった。注目されるのは、一九八一年に世界銀行のストリーテンは基本的必要の考えを纏める中で、スリランカを以下のように高く評価している点だ。「経済成長を犠牲にしなくても、一人当たり低い所得であっても、基本的必要を充足させることができる。例えば、スリランカでは一人当たり所得は二百ドルであり、一九六〇年から一九七〇年の年成長率は二パーセントであるが、平均余命は六十九歳である」。(Streeten,Paul & et.al. 1981)
一方、国連開発計画（ＵＮＤＰ）は世界の開発と、開発に対する援助のための国連総会の補助機関として一九六五年に設立された。基本的必要の理論を支えたストリーテンの考えは、ノーベル経済学賞受賞者のアマルティア・センの潜在能力の考えと共に、後にＵＮＤＰの「人間開発」の考えに大きな影響を与えた。

ＵＮＤＰは一九九〇年に『人間開発報告書』(Human Development Report)の初版を公刊した。そこに示された「人間開発」の考えの重要な点は、開発の目的は経済成長を第一とするそれまでの考えから、開発の目的は人間の能力を開発することであるとして、人間を開発の中心においていることにある。政治的・経済的・社会的な自由、創造的で生産的な暮らしをおくる機会、個人の自尊心、人権の保障を享有することまで広い範囲におよんでいる。さらに、ＵＮＤＰは人間開発指数（ＨＤＩ）を明示した。ＨＤＩとは人間開発の鍵とする三つの要素から構成されている。即ち、①「誕生時平均余命」、②「成人識字率」、③所得を国際比較できるように、購買力で調整した一人当たりの「実質国内総生産（ＧＮＰ）」だ。これら三つの要素に基づいたＨＤＩとＧＮＰとの比較が単純に、かつ明確に示されるようになった。

ＵＮＤＰが分かり易く指標化したＨＤＩの考えにより、スリランカにまた光が当てられた。つまり、スリランカはＧＮＰでは中位であっても、長命で、成人識字率は高いことが明示された。例えば、その当時の指数であるが、一九八七年のブラジルと比較してみると、ブラジルのＧＮＰは五八七〇ドルで、スリランカの四百ドルに対して約十四・五倍も高かった。ところが、実質ＧＮＰに換算してみると、スリランカの二〇五三ドルに対して、ブラジルは四三〇七ドルと二・一倍にすぎなかったということになる。さらに、当時の平均余命はスリランカの七十一歳に対して、ブラジルは五十七歳と低く、また成人識字率（一九八五年）はスリランカ八七パーセントに対して、ブラジルは三〇パーセントに過ぎなかった。つまり、経済指数だけでは捉えることのできない、人間と社会の状況がオープンにされるようになった。

このように、スリランカは優れた人間開発の代表例の筆頭として『人間開発報告書』初版に記載され、その後も頻繁に取り上げられている。人間の発展、また社会の発展のあり方がより鮮明に、より重層的に示されるようになり、優れた人間開発を達成させたスリランカの社会福祉政策は国際開発コミュニティの中で常に高く評価されてきた。

〈ＵＮＤＰの「人間開発報告書」は初版から二十年以上が経ち、ＨＤＩ（人間開発指数）の算出方法は時代に合わせて修正されてきた。そのため単純に比較することはできないが、参考までに。二〇一四年度の『人間開発報告書』のＨＤＩによると、スリランカは「誕生時平均余命」は七十四・三歳、「平均就学年数」は十三・六年、「一人当たりの実質国民総所得（ＧＮＩ）」は九二五〇ドルで、世界の一八七の国と地域のランキングの中で七十三番である。因みにランキングでは、日本は十七番、トップはノルウェーである。ＵＮＤＰウェブサイト〉

〈一方、ウェブの「グローバル・ノート　世界の一人当たりＧＮＩ　国別ランキング・推移、二〇一五年一月四日データー更新」によると、世界二一三ヶ国の中で、スリランカは一四五位で三〇七五米ドルである。因みに、第一位はモナコで十七万三三七七ドル、最下位はソマリアで一二五ドル、日本は三十一位で三万九九四七ドルと記されている。〕

紅茶産業が支えた社会福祉・社会福祉から排除された農園労働者

一九三〇年代初期に発生した世界的大恐慌の影響を受けて、スリランカでは大量の失業が発生した。当時の大蔵大臣によれば、それにより引き起こされた困窮問題に対処するために、初めて制度的で中央組織的な社会サービスが始められた。それ以後、教育制度・医療保険制度・公共福祉制度などの社会開発は一貫して政府主導で積極的に推進されてきた。

先にも記したように、植民地時代にスリランカ政庁はプランテーション経済を最優先する政策をとったが、伝統的農業、特に稲作や農民は放置したままであった。このような植民地政策の結果として、独立した時にはプランテーション経済は優勢であったのに対して、置き去りにされてきた稲作を中心とする伝統的農業は衰退していた。そのため、独立後にスリランカ政府は伝統的農業を活性化することを積極的に推進した。

アジア経済研究所（現在の独立行政法人ジェトロ・アジア経済研究所）の平島成望氏（一九八九年）は、独立後に推進された農業自律策や社会福祉策について論じている。「放置されたままであった灌漑施設や貯水タンクの修復や改善、ジャングルなどの土地開発、また入植などの農業開発事業が進められたことにより稲作耕地の面積は拡大された。その結果、長い間、輸入米に依存してきたのが、生産量も収量水準も格段に上昇して米の自給体制が整えられた」。そして、平島氏は農業自律策、米の配給制度、その他の福祉政策に必要な政府の財源は、プランテーション作物、その中でも特に「紅茶」の輸出と、「紅茶」からの納税で可能になったことを詳細なデーターに基づいて明らかにしている。

「独立後から一九五五年頃まで、プランテーション作物からの税収は政府経常収入の三〇・七パーセントも占めていた。課税水準の重さが農園経営者の利益を圧迫し、ひいてはプランテーション部門のインド・タミル人労働者の所得を引き下げ、彼らの所得水準は農家と比較すると六〇パーセント程度であった。独立後の紅茶プランテーション部門で働くインド・タミル人の人口の割合は一九五三年におよそ三・六パーセントだった。農業経済の自律回復だけでなく、スリランカ人のマンパワー開発のための諸制度を遂行するために必要な資金源は、プランテーション部門、特に紅茶農園の、総人口の三パーセント強にすぎないインド・タミル人の労働力が支えていたのであった」。

つまり、国際開発コミュニティで高く評価されてきたスリランカの優れた人間開発は、政府の社会福祉策が継続して実施されてきたことによる成果であるが、その社会福祉策を可能にした財源は主に紅茶産業部門から引き出されていた。しかし、紅茶農園で働いていた農園タミル人の多くは長い間市民権もなく、社会福祉策から排除されていた。

外貨不足と国内のコメ生産不足により、それまで全ての消費者に無料で給付していた米と小麦の配給を、政府は一九七三年からおよそ二分の一に削減した。その結果、食料不足のため、特に農園では前例のないほどの高い死亡率になった。さらに、一九七九年に米配給制度が変更されて、食料スタンプ・プログラムに置き換えられた。農園では消費の中で食費が占める割合は大きく、彼らは食料スタンプ・プログラムの受益者であった。しかし、農園世帯の所得が僅かに受益者資格を得ることができる所得レベルを上回ったため、彼らはこのプログラムから外されてしまった。農園では労働者一人当たりの賃金が低いため、両親と時には子どもも、複数の家族が働いているので、家族の所得を合計すると世帯の所得は高くなる。つまり、「受益者資格を一人当たりではなく、世帯単位で設定することによって、農園タミル人は〔外国人移民労働者〕として福祉政策から巧妙に排除された」。（絵所秀紀 一九九九）と指摘されている。

一九七〇年代にインフレになり、生活経費が高騰して全ての人口は影響を受けたが、特に賃金労働者は厳しい状況に置かれた。農園では三分二の労働世帯は収入を農園の賃金だけに依存していた。そのため、特に農園タミル人世帯は政府の補助からも排除された結果、インフレ高騰による影響はより悲惨であったといわれている。デ・シルバは、彼らは生きていくのがぎりぎりの生存レベルの貧困から、虐げられた貧困へと転がり落ちたと記している。一九七〇年代初期の頃から農園タミル人は政府から見放されて、社会経済的に最も抑圧された集団になったが、その後も政府の貧困対策事業からも除外されていた。

一九八四年に中央銀行のバンダラナイケは、紅茶産業がスリランカの社会経済に大きく貢献してきたことを次のように記している。「プランテーション農園部門の中でも紅茶は継続してその中心であり、またゴムやココナッツと異なり、特に輸出による外貨獲得に大きく貢献してきた。一九八二年において、スリランカの総輸出収益二一四億五四〇〇万ルピーのうちの約三〇パーセントに当たる六十三億四二〇〇万ルピーは、紅茶輸出によって占められていた。同年の政府の税歳入の一七パーセントは紅茶産業からの直接税収によるものであった。さらに雇用面においては、総人口のおよそ一一パーセントに当たる六十万人が直接に関わっていた」。(Bandaranaike,R.D. 1984)

また、ある資料には、政府の閣僚が議会で、農園タミル人労働者の苦境と、彼らがスリランカの経済社会の発展に貢献していることについて、率直に心情を述べたことが記されている。「例えば、R・W氏は一九九〇年十月二十三日に議会で以下のように演説を行なった。代々の政府は農園部門から全ての基金を取り上げ、その大部分を、福祉国家を運営するための補助に使ってきた。この国では一六五〇万人の人口のうち、二十一万八千人だけが税金を払っている。補助米、補助麦、無料の教育、無料の医療設備に依存している人々を誰が養っているのか。農園

の人々をこの国の他の部門と同じように面倒を見なければならない」。(Manikam,P.P. 1995)

紅茶がスリランカにとって重要であり、優れた社会福祉策に貢献してきたことはきちんと認識されていた。それにもかかわらず、紅茶産業の労働者である農園タミル人が被っていた本質的な問題には、その後も長い間ほとんど注意が払われなかったのである。

⑵「農園の国有化/紅茶産業の公営化」・「紅茶産業部門の再びの民営化」

土地改革(一九七二年・一九七五年)

ヨーロッパ人が所有し、経営してきた紅茶農園の多くは大規模な農園だった。一九五八年に首相になったソロモン・バンダラナイケは外国人が所有している農園を国有化することを政策として掲げた。夫人のシリマヴォ・バンダラナイケは一九七〇年に世界初の女性首相になり、土地改革を実施した。一九七二年に第一次土地改革法が議会を通過し、米作地は二十五エーカー、その他は五十エーカーを上限とする土地所有法が設定された。続いて一九七五年に土地改革(修正)が議会を通過して、外国人所有の農園は国有化された。

資料によると、第一次土地改革が実施された当時、紅茶農園地域のおよそ七一パーセントに八三四の農園があり、それらは百エーカー以上の規模で、その殆どは個人所有の農園だった。第二次改革により土地改革委員会に接収された土地のほぼ半分は外国企業が所有する会社の農園だった。接収された土地面積のおよそ三六パーセントは紅茶が栽培されている土地だった。二回の土地改革によって、主に外国人が支配していた大規模な紅茶農園は国有化され、紅茶産業部門のほとんどはスリランカ人の管理の下におかれた。

国有化された紅茶農園の大部分は、二つの公社によって直接に管理され、経営されるようになった。二つの公社はＪＥＤＢ(Janatha Estates Development Board)と、ＳＬＳＰＣ(Sri Lanka State Plantation Corporation)だ。そして、多くの監督省庁と組織が直接に紅茶産業に関わるようになり、政府の紅茶産業組織は肥大化し、複雑化した。国有化される以前に農園管理会社がとっていた中央集権制度は、国有化によって政府官僚主義に基づくひとつの大きな政治的な中央集権制に替わったのだった。

《表３・１》土地改革により接収された土地の用途別面積

土地の用途	面積（エーカー）
紅茶栽培	376,946
ゴム栽培	177,398
ココナッツ栽培	118,929
稲作、カルダモン、混合栽培	47,800
ジャングル、未耕作地	176,500
その他	83,795
合計	981,368

（源出所）Central Bank of Ceylon, **Review of the Economy1976**, p.22 and 1977, p.24.
（出所）Coordinating Secretariat for Plantation Areas（CSPA), 1987 March, No.28, p.2 Table 1.

《図3・1》は土地改革後の政府機関の構造だが、この組織構造を見ると、紅茶産業がスリランカにとって非常に重要であることがわかる。数々の政府機関の下に、現場である農園の組織がある。つまり、紅茶産業部門の巨大な構造の一番底辺に農園タミル人は置かれていた。

一方、農園ではマネージャーなどのトップの管理職、また事務所のオフィサーや工場のオフィサーなどの中間管理職はシンハラ人によって占められるようになった。

土地改革が行なわれる以前は、ヨーロッパ人農園主は最低レベルながらも農園労働者の社会福祉などの責任を担っていた。しかし、紅茶産業部門に課せられた重税の圧力が強まり、また、農園が国有化される可能性が濃くなっていく政治的な動きの中で、ヨーロッパ人の農園主やマネージャーは、長期的展望による農園経営から、短期的利益だけを考える経営へと転換するようになった。そのため、農園の生活環境は改善されなくなり、放置されたままで劣悪

《図3・1》紅茶産業機関の組織全体の構造（政府機関）

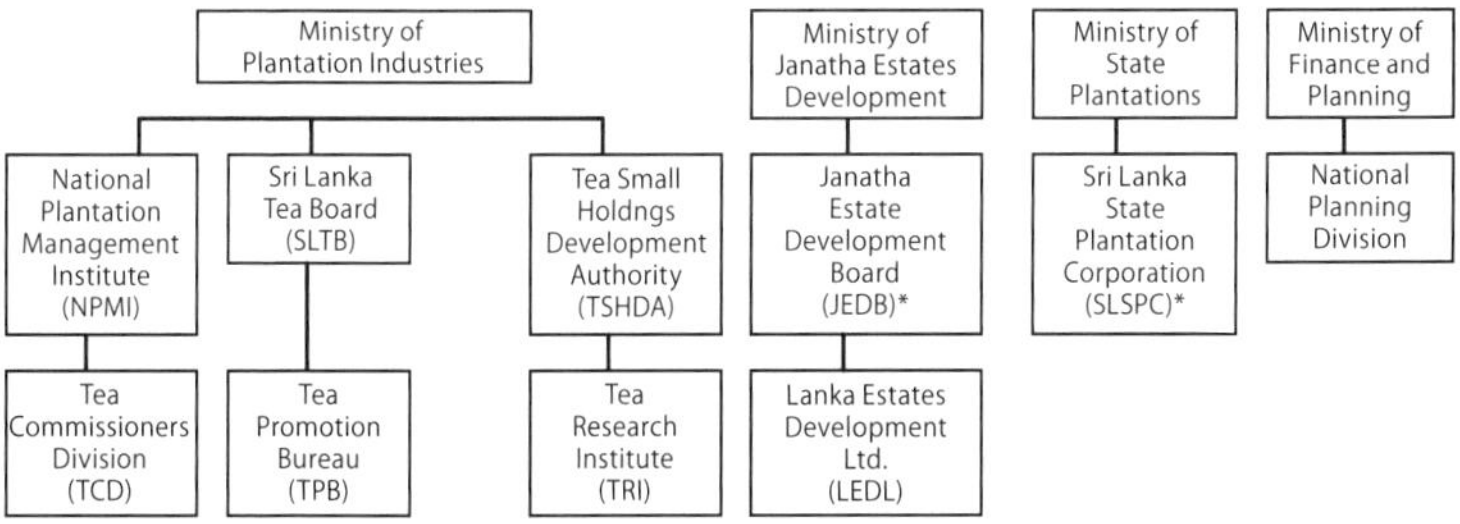

（注）＊ JEDB と SLSPC2 つの公社は、紅茶農園だけでなく、ゴム、ココナッツ農園も管理している。（Bandaranaike 1984 p.31）
（出所）Bandaranaike, 1984, p30 Figure 4.4

な状況に陥っていった。その後に政府の管理下に入れられたが、政府による労働条件はほとんど改善されることはなかった。

しかし、その一方、農園が国有化されて、政府の直接の管理の下におかれたことによって、それまでは農園主の個人的な領域として閉鎖されていた農園の状況が表にでてくるようになった。それにより、特に農園の保健衛生と教育の分野の社会開発が、政府、国際援助組織、NGOによって徐徐に、また、部分的に推進されるようになった。

民営化と民営化改革推進事業(一九九二年〜)

紅茶産業は一九六八年頃から生産性が低下しはじめ、その後も止まることなく低下し続けた。総輸出額に占める紅茶の割合は一九八四年に四二パーセントであったのが、十年後の一九九三年には一四パーセントにまで落ち込んでしまった。さらに、一九八九年末までにJEDBとSLSPCの両公社の財政は危機的状況にまで陥ってしまった。

低下要因として指摘された問題点を簡単に纏めて記すと、まず、内部要因としては、①非効率で非生産的な公営経営と、官僚的で独占的なマネージメント、複雑化・肥大化した組織であった、②政府は農園部門の開発に対して無策であった。政府は植民地時代から引き継いだ旧態依然のままの生産・加工・販売・経営組織形態を保持し続けて、新規投資や改良策をとらなかった、③産業を発展させようとする長期的目的もなく、近視眼的に重税を課す一方であった、④天候、土壌などの自然的要因の影響もあった、⑤労働者の賃金・福利厚生・労働規範などの労働問題へ、政府が過度に介入していることによって、生産経費が上昇し、それらが利潤を圧迫している。その背景には、農園タミル人労働者の労働組合の政治力の増大がある。

一方、外部要因としては、①世界市場での紅茶需要の低下、②世界的な経済の低迷、③紅茶生産の新興諸国の追い上げ、などが指摘されている。

《表3・2》は一九八二年から一九九二年の間に、紅茶の世界市場で国別割合がどのように推移していたかを示している。中国、紅茶生産新興国のケニアやインドネシアが世界市場で割合を拡大している時期に、伝統的紅茶生産国のスリランカは減少していたことがわかる。

アジア開発銀行と世界銀行は早い時期から、スリランカの紅茶・ゴム・ココナッツの樹木作物部門を回復させるための支援事業を実施している。一九九一年にスリランカ政府は、当時世界最大規模であった二つの公社の農園管理の民営化改革を決定し、一九九二年に国際金融機関からの支援を受けて紅茶産業部門の民営化改革を開始した。民営化改革とその後の民営化改革推進事業の直接支援は、アジア開発銀行が中心になって実施された。日本の国際協力銀行（現在、株式会社国際協力銀行）は一九九六年から始まった農園改革事業と、二〇〇二年からの農園開

発事業に円借款を供与している。（ADB 1995, 1996, 2000）（WB 1995, 1997）

一九九二年に政府は公社の管理下にあった五二五の紅茶・ゴム・ココナッツ農園のうち、中央部と南部の十四地域にある四四九の農園を二十三の農園会社にリースした。つまり、二つの公社の紅茶農園面積十万六五九二ヘクタールの内の九万四二四四ヘクタールが二十三の農園会社に譲渡された。その一方、一九九二年以前の五年間に、生産量が継続してヘクタール当たり千キログラム以下の紅茶農園は公社の農園として残された。しかし、一九九二年に着手された民営化改革では、政府は農園の土地のオーナーシップと、政府だけが労働者の雇用と解雇の責任を保持したままという、変則的で不完全な民営化改革だった。二つの公社のマネージメントとスタッフ、および労働者は、新しくできた農園会社の中のどれかにそのまま引き継がれた。

《表3・2》紅茶世界市場の割合の推移

（単位：　%）

	1982	1983	1984	1985	1986	1987	1988	1989	1990	1991	1992
スリランカ	22.1	18.1	21.7	20.7	21.3	20.6	20.8	18	19	19.5	17.6
インド	23.2	23.9	23	22.4	20.9	20.9	21	19.5	18.5	18.8	16.8
中国	12.9	14.3	15.4	14.4	17.7	17.9	18.8	18.1	17.3	17.1	17.4
ケニア	9.7	11.5	9.7	13.2	12	13.9	13.1	14.4	15	16.2	16.5
インドネシア	7.8	7.9	9.1	9.5	8.1	9.3	8.8	10.2	9.8	10.2	12
マラウィ	4.5	4.1	3.9	3.5	4.1	3.4	3.5	3.6	3.8	3.8	3.8
南アメリカ	5.3	6.1	5.5	4.2	4.8	4.2	4.1	4.7	4.8	4.2	4.4
その他	14.5	14.1	11.7	11.6	11.1	9.7	9.8	11.6	11.8	10.2	9.9

（源出所）International Tea Committee, **"Annual Bulletin of Statistics"**, 1991.
"Plantation Sector Statistical Pocket Book", 1994.

（出所）ADB 1995, p.32. Table 3.

民営化改革は厳しい財政状況を内包したままの出発であった。それにもかかわらず、民営化改革が開始された直後の一九九三年に政府は農園労働者の賃金を三〇パーセントも値上した。支援をしている国際金融機関は、生産性に無関係な賃金上昇は農園会社のマネージャーに経費を抑制する努力を挫かせることになり、マネージャーのモラルを低下させていると指摘した。

紅茶産業が低下した要因の中で、特に公営農園では、労働経費が高いことと、労働生産性が低いことが注目されて、民営化改革を成功させるための主要課題のひとつは労働者問題になった。一九八四年に農園の登録労働者には週六日の労働日数が規定された。この規定により、仕事がある無しに関わらず、労働者には週六日の賃金を保証することになる。農園に居住している登録労働者には無料の住居・医療・教育などの福利厚生を保障することが義務付けられている。つまり、これらの生産性や利潤とは無関係な労働固定費が、農園会社の経営を圧迫していると批判された。国際金融機関は民営化改革の最大の阻害要因として以下の二つを指摘した。第一は、賃金や労働規定などの労働者問題へ政府が介入することと、政治力のある労働組合の力が強すぎること。第二は、余剰労働力が農園内に滞留していること。

歪んだ財政状況を終わらせて、長期的な政策で農園部門を回復させるために、一九九五年に農園部門の完全民営化改革が決定された。内閣は、労働者問題は労働組合と農園会社の間での共同交渉にすることを承認し、労働者問題への政府介入は一九九六年に終止された。多くの農園では労働者の新規雇用は中止され、臨時雇いにされた者も多くなった。青年の多くは不完全雇用や失業状態におかれ、農園の外で仕事を見つけるように圧力がかけられた。

その一方、新たに一九九六年から始められた農園改革事業では、農園会社の株式発行が決定されたのだが、労働者にも一〇パーセントの株式を無料で供与することが決められた。株式はコロンボ株式取引所の市場価格で、五一パーセントを農園会社と民間投資家に、二〇パーセントを一般に販売し、一九パーセントを政府が保有する。労働者へ株式を無料で供与することの目的は、労働者が民間会社の経営に共同責任の意識をもち、それによりマネージメントと労働者の協力関係が醸成され、労働組合と労働者が紅茶産業の発展に共に協力することを促すことにあった。

一九九七年に世界銀行は、一九九二年から開始したマクロ経済環境と公営農園部門の政策改革が進展したことで紅茶産業は回復軌道となり、民営化改革の効果が示されたと評価した。しかし、一九九六年の農園会社全体で推計される平均生産性はケニアの半分以下であり、ヘクタール当たりの労働者密度は、南インドの二・七人やケニアの二・二人に比べると、スリランカでは二・八五人とまだ高いと指摘し、労働力削減を後押ししたのだった。

ところが、新たな労働者問題が浮上してきた。近い将来に、農園では労働力不足になる可能性が高いことが、関係者の間で懸念されるようになったのだ。特に教育を受けた青年の間では、自発的に農園離れをする傾向が進むようになった。調査によると、青年世代の半数以上は農園での仕事に関心を持っていない、また、親の多くも、子どもが将来、農園で働くことを望んでいないことが表面化した。したがって、紅茶産業の労働者問題は余剰労働力削減ではなく、逆に、労働力不足が深刻な問題として、関係者の間で次第に認識されるようになった。

紅茶産業発展の鍵＝「農園タミル人の自尊の回復」

紅茶産業部門の民営化改革が推進されていく中、農園労働者の問題は社会問題として注目されるようになり、メディアや専門家などから見解や提言が出されるようになった。例えば、政策研究所（Institute of Policy Studies）のダンハムを中心とする研究員たちの報告書が提出されている。(Dunham,D., N. Arunatilake & R. Perera) この報告書では、紅茶農園部門の一九九五年時点の状況と、十年後の二〇〇五年までの中期的な予測可能な労働状況が分析されている。そして、多様な不確実な問題はあるとしながら、労働力不足が深刻化する可能性が高いことを論証している。そして、政府の報告書には、例えば、労働者が農園で働きたいと思うようなインセンティブについて、また来世紀の早い時期に典型的な農園はどのようになっているかという将来図について、さらには魅力的な農園の労働生活環境などについては、殆ど議論されていないと強く批判している。

特に関心を向けたいことは、この報告書でダンハムらが提示している政策の数々は、この後の二〇〇二年八月に新たに始められたアジア開発銀行の八年間の農園開発事業の中で、具体的な事業として着手されたり、または推奨されていると思えることなのである。さらには、本書の第二部で記すように、現在、農園コミュニティで実際に推進されるようになっているといえる。つまり、この報告書は紅茶産業の回復と将来的発展のための非常に重要な指針のひとつとして、高く評価されていると考えられる。そのため、少し長いが、ここで、報告書に書かれている要点を記載させていただきたい。

「民営化改革では労働力需要側の視点ばかりが強調されていて、労働力供給側の視点が考慮されていない。もし、今後の対策が採られなければ、労働力不足のために紅茶農園は下向きになり、ひとたび労働力供給の下降傾向が定着してしまうと、その傾向を逆転することは非常に困難になる。そうなれば、スリランカの紅茶産業の将来にとって、そして、まさにスリランカ経済にとって重大な結果になるかもしれない。

紅茶農園で生まれ育った労働者は、経験や技術を得ている安定した労働力であるにもかかわらず、民営化改革では彼らを開発すべき人的資源とする観点が無い。紅茶部門の将来的発展のためには、農園の青年が直面している問題を把握し、彼らが何を望んでいるのかを理解することが重要である。収入や施設などのインセンティブを向上させ、農園のきつい仕事と生活労働状況に対する過去からの負の社会的イメージや、社会的圧力を改善し、良いマネージメントにすることが重要である」。

そして、マネージメントへのコメントとして、以下のような提言が記述されている。

「農園と農園の仕事は二〇〇五年にどのようなものかという、長期的展望を示すことが重要である。紅茶栽培以外の他の経済活動などを多様化し、新しい可能性のある会社となる長期的展望を示すことである。そのような会社では、より多くの雇用と、より魅力的で、技術を必要とするが、より給与の高い仕事を農園労働力に提供することになる。会社と労働者の双方に利益を効果的にもたらすように、共に努力するような協力関係を築いていくために、両者は共に奮闘することが求められる」。

民営化改革の労働政策では、農園労働者は農園内で自動的に再生産され続けていくという仮定を、また労働力は余剰が問題であるという推定を、前提にしていたといえる。これらの仮定や推定とは根本的に異なる見解が示されたのだ。紅茶産業を長い間、底辺で支えてきた農園タミル人労働者と家族がどのように感じ、考え、何を必要とし、何を望んでいるかという、彼らの視点により近づいて問題を捉え、分析することで、紅茶産業部門が改革すべき重要な問題のひとつが初めて明らかにされたといえよう。

さらに、各方面からも農園の労働者問題について異見や提言が次々に提示された。そして、農園タミル人はスリランカの社会経済にとって重要な紅茶産業の必要不可欠な労働力であるという点が強調されるようになった。彼らの人間としての尊厳の問題、労使間の信頼の問題、さらに、農園の仕事に伴っているスティグマ（恥辱）の問題を解決し、翻って彼らが誇りをもてるような仕事にすることなど、農園タミル人に対する認識が深められていった。

彼らの人権や自尊、さらに、労使間の社会関係などという問題は、それまでの政府や紅茶産業関係者、またスリランカ社会の多くの人々が無視してきた点であったといえるであろう。そのような新しい角度から、農園の労働管理制度、労働生活状況、農園の仕事を、さらには労働者の心情までをも正面から捉えて、公平に評価しようとする流れになった。

(3) 農園の仕事と暮らし

イギリス植民地時代に形成された典型的なプランテーション農園は、その内部で確実に労働力を再生産するためのひとつの施設（an institution）として十分に自己完結的であった、といわれている。プランテーション農園も様々な形態があるようだが、ここではスリランカの紅茶プランテーション農園という枠組みである。その特徴は、先ず、農園は外部の人間が許可無く入ることはできない、ほぼ閉ざされた領域だ。広大な敷地内に茶畑、製茶工場、マネージャーと副マネージャーの住居がある。労働者のほとんどは農園内で家族も一緒に暮らし、彼らの居住区域は茶畑の中に数箇所、点在している。さらに、診療所、ヒンドゥー教寺院、食料品や日用雑貨などを売る小さな店がある。一九七〇年代に農園マネージャーは六歳未満の児童のために、農園内に保育所（crèche）を設置することが規定されたため、全ての農園に保育所がある。多くの農園にはタミル語学校もある。

このように、農園は労働の場であると同時に生活の場である。つまり、農園は物理的な生活領域であると同時に、そこで働いている人と家族の意識と、知識や情報面における社会領域でもある。農園に生まれて、農園内で一生を送り、農園の外に殆ど出ない人や、一度も出たことがない人もいるといわれている。私自身の二〇〇〇年代初期の調査でも、わずかだが、そのような人々がいることが明らかになった。

一方、堅い言い方をすると、農園は「労働形態」と「労働者管理」が特殊な生産現場といえる。ＩＬＯは一九四五年という早い時期から、世界のプランテーション部門の労働問題に関心を向けてきた。他の部門とは異なる様々な特殊な状況にあるという考えから調査研究を行い、問題を明らかにして、解決のための提案と改善を進めるよう努めている。

ＩＬＯのアメラシンへらは、プランテーション産業では初めの頃より希少要素と考えられていたのは土地であって、労働者でなかったため、労働者の生産性よりもむしろ土地の生産性を向上させることに力を入れてきた、と記している。安くて管理しやすい労働者が豊富に供給されるために低賃金のままであり、その流れが継続している限り、労働を節約するための工夫は優先事項にはならなかった。その結果、労働生産性は低くて、停滞したままであることがプランテーションの特徴になったと指摘している。(Amerasinghe,Y.R. 1993)

農園で直接に管理する責任者は「農園管理責任者」と呼ばれていたが、近年は「農園マネージャー」と呼ばれるほうが多い。農園組織の階層と権威の構造は、公営化後も、さらに、民営化後も維持された。コロンボの本部が全ての決定を行う徹底した中央集権管理体制だ。農園マネージャーと副マネージャーは中央本部に所属していて、数年の任期で移動する。農園での管理体制は現場の最高責任者である彼らを頂点とするピラミッド型の体制といわれている。

強調される点は、管理制度の構造は、民族、民族的帰属（エスニシティ）、ジェンダー、そしてカーストを反映しているということだ。つまり、農園のマネージャーや副マネージャーは多数派のシンハラ人で、上位カーストに属している。農園内に事務所があり、事務員は農園タミル人の青年が憧れるホワイト・カラー職だ。しかし、使われている言語は英語とシンハラ語で、事務員はタミル人もいるが、ほとんどはシンハラ人だ。女性の事務員も多いが、多くはGCE－Aレベルの高い教育レベルで、近くの町村からバスなどで通勤している。フィールド部門と福祉部門の中の下部スタッフと助産婦、教師などはタミル人だが、ジャフナ・タミル人が多いといわれている。

農園タミル人はこのような階層構造の下位の労働部門にほぼ制限されている。前に記したように、南インドから小さな労働者集団で移動してきた人々は、そのまま農園の労働管理制度に組み込まれたため、茶畑で仕事をしているグループの人々はカーストに基づいている互いの関係性を知っているといわれている。つまり、紅茶産業は近代的な産業組織として発展したのだが、その末端部分の茶園では、労働者の監視人であるカンガーニの「私的な強制力に基づく労働規範」に依存していると、指摘されている。茶畑ではプラッカーの後ろで、男性カンガーニが常に彼女たちを監督、監視している。

このような組織の中で、それぞれの地位が非常に明確で、固定されているといわれ

茶畑では1名の男性のカンガーニ（監督者）と、約20名のプラッカーがグループになって、茶摘みの仕事をする。（1988年）

ている。二〇〇〇年代初めに、私は数名の農園マネージャーに、「一生懸命に働いた労働者は、将来、昇級する可能性はありますか？」と質問をした。「彼らは互いのカーストを知っています。もし、下位カーストの人が昇進して、自分より上のカーストに属している労働者を監督しなければならなくなると、彼自身は混乱してしまい、労働者の管理はできなくなります。彼のカーストが知られていない他の農園に行けば、昇進は可能です」という答であった。

一方、農園の労働形態は百年前とほぼ同じといえるのである。十九世紀末にイギリス王室アジア協会会員である著述家のケイブはスリランカを視察して、紅茶農園の実態について、写真と共に本に纏めている。「ゴールデン・チップス」という題がついている本は一九〇〇年に初版が出されている。そこに書かれている一部を要約すると、「朝の六時に工場、またはその他の便利な場所で、全ての男女と子供の労働者の点呼が行なわれた。農園管理責任者は朝の召集場所で労働者にそれぞれの仕事の分担を指令する。労働者の日賃

プラッカーは各自の手帳を持っている。この手帳に、摘んだ茶葉の量が記入される。

は二十五セントである。茶摘み女性はおよそ十四ポンドの茶が入るバスケットを紐で額に吊るして、背中に背負っている。摘んだ茶は監督者の目前で計量され、手帳に量を記入される。この行程が日に二、三度、午後の四時まで繰り返された」。(Cave, H.W. 1900/1904)

このような方法は、今日でもほとんど変わらないまま行なわれている。プラッカーは午前と午後にノルマの量を指定の集荷場まで運ぶと、フィールド・オフィサーの助手が茶葉の量を秤で計る。女性たちは各自が小さな手帳を持っていて、フィールド・オフィサーがその手帳に摘んだ葉の量を記入する方法は、今日でも同じだ。ノルマの量は二〇〇〇年代初めの頃は、午前と午後にそれぞれ十キロといわれていた。農園労働者に支払われる労賃は今日でも日賃ベースの月払いである。

「茶が入るバスケットを紐で額に吊るして、背中に背負っていた」、とケイブが記していた方法も現在でも同じだ。百年以上の間にスリランカは独立し、多くの農園は公営化され、再び民営化されるというダイナミックな変化の中にあっても、労働者の管理制度と労働形態はほぼ改良されなかったといえよう。つまり、農園タミル人集団という安くて豊富な労働力があったため、紅茶産業は労働者を管理する方法や働く環境を改善しようとする努力は、部分的な改良はあったが、殆どなかったといえるであろう。

しかし、徐徐に改善の動きが進められるようになった。背中に背負う籠は、昔はほとんどが竹製だったが、防水作用もあるような樹脂製の袋を使っているプラッカーも多くなった。腰には同じような樹脂製シートを巻いている。裸足であったのがゴム草履を履くプラッカーも多くなり、雨の日は黒いゴム製の合羽を着るようになった。

労働時間は一九八二年に男性は七時間、女性は九時間であったが、今日では農園会社によって異なるようだが、より短縮される傾向にある。男性の仕事は肥料の撒布、下草刈、道路の整備、運搬、運送、茶樹の育成や工場労働。女性は主に茶摘みの仕事で、その他に工場で働く仕事に携わっている。インドなどでは男性も茶摘みをしているようだが、スリランカでは男性は非常に稀といえる。

働く人にとって最も重要なのは賃金だが、労賃は当初より日賃ベースの月払いという形である。そのため、所得は労働日数に依存する。一九七〇年頃から労働者を雇う体系は、登録労働者と非登録の臨時労働者の二つのグループに分けられた。登録

20 数年ほど前までは、プラッカーはビニールを雨の防具にして茶摘みをしていた。(1987 年)

労働者の月額所得は規定の茶葉の量を超過した分、また時間外労働などが加算された合計額である。登録労働者は週六日の労働日が法で義務付けられているが、季節や天候、農園の経営状況によって労働日は短縮されることもあるので、収入は常に不安定だ。一九八四年に「同職種、同賃金」の原則によって男女同一賃金になった。二〇〇二年十二月には諸手当が加算されたプラッカーの受け取り日額は、およそ一三〇ルピーだった。

農園主は登録労働者に無料の住居と医療などの福利厚生が義務付けられている。一九四二年にマネージメントは労働者が農園の空き地で家庭菜園をすることを保障するという規則が同意された。菜園は食料不足が深刻な時期には十分ではないが、彼らの苦境を緩和する効果があったといわれて

10 年ほど前からは、プラッカーは雨合羽とゴム草履を履くようになった。(2001 年)

いる。近年では菜園や、ヤギや牛などの家禽飼育は人々にとって食生活の補助になるだけでなく、生活の中の楽しみにもなっているようだ。一九六七年に労働者は定年後も農園内に住み続けることができることが農園主と労働組合の間で同意された。一方、非登録臨時労働者は農園に住んでいる子供と、農園周辺の村人の二つのグループがある。彼らは茶樹の植え替え、除草、施肥などの維持管理の仕事が主だ。

(4) 海外援助組織によって推進された農園の社会福祉

農園国有化により進められた社会福祉

独立後から農園が国有化されるまで、農園労働者と家族の社会福祉は農園主の農園健康計画協会によって行なわれていたが、とても小規模なものでしかなかった。主にヨーロッパ人農園主の個人的な閉ざされた領域であったため、内部の状況が外にもれることはあまりなく、政府や外部者は干渉することができなかった。

農園が国有化された時、農園の人々の貧困・健康・その他の社会福祉指標は非常に低い状態にあることがわかった。そのため、ＪＥＤＢとＳＬＳＰＣの両公社は海外からの支援協力を受けて社会福祉と社会開発局を設立し、社会開発局は農園の人々の健康プログラムを推進した。一九七四年に健康省は医療スタッフによる母子健康の総合医療を開始した。同時に、様々な外国援助組織から農園部門への支援が行われるようになった。国連児童基金（ユニセフ）は最初に母子健康、水の供給と住環境の衛生面の整備、幼児のための保育所のプログラムを実施し、次に助産婦や保育所の保育士の訓練を行った。海外からの支援と公社の社会開発局の活動により、一九九〇年にはＳＬＳＰＣの農園では、例えば、総合病院は二十、薬局は二一五、産科病院は一一三、保育所は八〇六と設備が整うようになった。

一方、ＮＧＯによる支援協力も行われるようになった。一九七三年に政府はケア・スリランカを通じて、トリポーシャを児童に配給するという大規模な栄養補助プログラムを始めた。トリポーシャとは、カルシウム・糖分・油脂・たんぱく質などを補給するために、大豆・小麦粉・油・砂糖などを混ぜ合わせた粉を三〜四センチほどのボール状にしたもので、幼稚園や学校で週に一度、児童に食べさせる。関係資料に、キャンディのある国有化された農園の学校ではケアからビスケットが配給されたと記載されている。したがって、トリポーシャは国有化された農園の学校でも配給されたと推察する。

余談だが、一九九六年に中央州マータレー県の農村にある五箇所の幼稚園を一日で訪問した時に、五箇所全ての幼稚園で先生と母親たちからトリポーシャのお菓子を試食するように勧められた。あまりにも熱心に勧められて、断わることができずに、結局、甘いトリポーシャのお菓子を五つも一日中食べた経験がある。因みに、ケアは一九四五年に戦後のヨーロッパを支援するためにアメリカで設立されたNGOで、その後、アジア、南米、アフリカなど、支援を必要としている地域で活動を広げている。日本もケアの恩恵を受けている。ケアのウェブサイトによると、一九四八年より八年間に当時の金額で二九〇万ドル、千万人の日本人が支援を受けたそうだ。ケア・スリランカは一九五六年に創立されて以来、食料関係プログラムと物資と子どもの健康問題に対処している。

さて、農園労働者の住まいは、「ライン・ハウス」と通称されている長屋で、内部を壁で仕切ってライン・ルームになっている。ライン・ルームはおよそ十二×十二フィートの空間で、戸はあるが窓はなかった。ライン・ハウスの大きさは一定ではなく、四つや十のライン・ルームがある長屋もある。まれだが、十のライン・ルームの長屋が背中合わせになった一棟の大きなライン・ハウスもある。

一九四一年に家族単位に個別の部屋を与えることが法制化された。しかし、ほぼ一世紀も前に建てられたライン・ハウスの改善はほとんど行われず、家族は一部屋を台所・居間・寝室として使用していた。一九六九年から七〇年にかけて行なわれた農園の社会経済調査によると、住まいの約九〇パーセントがライン・ハウスで、農園居住者の約九〇パーセントがライン・ハウスに住んでいた。共同トイレは屋外に設置されていたが、十家族にひとつという場合もあり、多くは放置されたままだった。煮炊きする竈は部屋の隅にしつらえてある。窓がないため空気は流通しないので、薪の煙が狭い部屋に充満してしまう。農園の疾病のすべての根本要因は少ない食料と偏った栄養摂取にあるが、さらに、衛生状態が悪く、狭い空間に多くの家族が住んでいるという密度の濃い生活をしていることが原因であるといわれてきた。政府は一九七二年の土地改革より徐徐に、このような住いを改良することを始めた。例えば、背中合わせの部屋の間の壁を取り払い、住民は窓のある二つの部屋を使えるようにした。または、台所は別棟にするなどの修繕が行われた。しかし、いぜんとして狭い居住空間だった。

長い間、修復されずに放置されたままのライン・ハウス。
キャンディ地区の農園（1990年）

さらに、住まいに関しての問題は、与えられたライン・ルームは無料だが農園主の所有物であるため、オーナーシップのない住人は部屋や屋根が壊れたり、劣化しても、自分で修繕することも、または暮らし易いように改善することもできなかったことである。農園マネージャーに頼んで、修繕してもらうことしか許されなかった。改善されないままに劣化していく住環境

ライン・ルームの内部。
キャンディ地区の農園（1990 年）

ライン・ルームの内部。部屋の一隅に竈がしつらえてある。
キャンディ地区の農園（1990 年）

は衛生状況が劣悪で、住人の病気を引き起こし、その結果、農園居住者を肉体的にも精神的にも苦しめているといわれていた。農園は茶畑と樹木の美しい緑の世界だが、その中に点在している粗末なライン・ハウスは農園タミル人労働者を象徴しているといわれていた。

しかし、長い間放置されていた住環境も国際援助組織の支援を受けて改善されるようになった。一九八五年からは紅茶・ゴム・ココナッツ農園の回復事業として七年計画の中期投資プログラムが実施された。アジア開発銀行、オランダ政府、ノルウェー政府、セイロン銀行、二つの公社によって形成されたこのプログラムの中に、農園労働者の社会福祉事業が「社会福祉プログラム第一期」として組み込まれたのであった。ライン・ハウスの修繕、トイレの設置、水の供給、保育所と医療設備の向上などが主要項目とされた。この社会福祉事業は、九五パーセントはオランダ政府とノルウェー政府からの直接無償資金によって実施された。両政府は調査を行い、「多くの場合、湿った、煙たい、暗い小屋の中に多くの家族が住んでいるため、彼らの健康に深刻な影響を与えており、また大きな社会的心理的なストレスを生じさせている」と結論づけていた。

一方、その他の海外援助組織による社会福祉事業も積極的に開始されるようになった。スウェーデンの援助組織のSIDAは一九八四年より総合農村開発プログラムをバドゥッラ地域で開始した。そのプログラムの主要な目的は農園労働者の公衆衛生・教育・社会環境改善であった。ノルウェー国際開発協力庁のNORAD（Norweigian Agency for International Development）は一九九三年より農園労働者の住居の建設と修繕・病院・保健婦さんの訓練プログラムを実施した。

農園では特に幼児の死亡率が非常に高かった。しかし、公社の健康プログラムと海外援助組織による福祉事業とがあいまって、生活環境は改善されるようになり、母子健康は回復に向かった。その結果、例えばSLSPCの一九八〇〜一九九〇年の社会開発統計と分析によると、千人当たりの乳児死亡率は、一八八七年二四八、一九七四年一四四、一九八〇年七二・七、一九九〇年三二と大きく改善された。（SLSPC 1991）農園の健康保健は大幅に改善されたが、全国指数と比較すると、特に乳児死亡率・死産発生率は依然として高く、また平均余命は特に高地の農園では男女とも低かった。《表3・3》

民営化後の社会福祉プログラム

海外援助組織による支援事業は民営化後も継続して実施された。

《表3・3》男女別平均余命：SLSPC 農園（低地・高地）と全国の比較

	年度	男性	女性
低地　（ラトゥナプラ／ゴール／ホラナ）	1987	66.6	68.4
高地（ヌワラ・エリヤ／ハプタレー／ハットン／マータレー）	1987	59.7	63.0
全国	1981	67.8	71.7
	1991*	69.5	74.2

（源出所）W.Dechering-TAT
（出所）SLSPC, March 1991, Table 39, p.36.
* 筆者による加筆。スリランカでは 1981 年の人口調査後は北東部の紛争のため全国規模の人口調査は実施されていない。1991 年度の全国平均余命は、スリランカ中央銀行年報 2002 年による。（Central Bank of Sri Lanka, 2002, Special Statistical Appendxi, Table 6.）

その事業の中に、先の「社会福祉プログラム第一期」は「社会福祉プログラム第二期」として組み込まれ、ライン・ハウスの修繕や改築、電気・水道の敷設など、生活周辺部の物理面の改善が進められた。

二〇〇〇年にスリランカ政府は更なる農園支援を要請した。アジア開発銀行はその要請を受けて調査を行い、報告書にまとめている。その中に、「農園労働者、主に民族としてはタミル人の生活や労働、そして社会的状況は非常に貧しいまま無視され続けている。そのため、農園の雇用にスティグマを与えてしまった。労働者を非常に価値ある資源として、また彼らの農園部門に対する貢献を認識しながら、彼らの労働状況と福祉向上を目的にして、次の支援事業をデザインする」と明記されている。そして、アジア開発銀行の八年間の農園開発事業が二〇〇二年八月から新たに始められた。(ADB 2000・2002)

新しい事業で特に強調されていると思われることは、例えば、「農園の劣悪な生活労働環境と農園のきつい仕事に対して社会では負のイメージがあるため、青年は農園の仕事や農園での生活は社会から低く見られていると彼ら自身が感じていることを重視して、そのような社会的圧力や社会的貧困は解決すべき課題である」としていることであろう。そして、「労働者の well-being を高め、農園の仕事につきまとっている負の社会的イメージを無くし、労働者とマネージメントの間の摩擦を緩和させ、労働者に技術面や生活面での能力を向上させる訓練を通じて労働者をエンパワーメントして、彼らが社会の主流の中に統合されていくことを目的とする」

と記されている。農園タミル人労働者と家族の物理的に良い暮らし・自尊・社会のイメージを高める、などの様々な社会開発事業が開始された。

このアジア開発銀行二〇〇二年事業では、古くから継続されてきた農園の労働管理制度の中で、また経済効率を追及する民営化改革推進事業の中で、無視されてきたといえる農園タミル人労働者と家族の人権と人間としての尊厳が、初めて尊重されるようになったといえるであろう。この事業の成果のモニタリングと評価を行なう主体の中に、はじめて、「労働者」の名が明記されている。

4　農園コミュニティの人々の意識の変化

(1)「農園」という社会領域

農園組織の中で人々の間に相互交流はほとんどなかったといえる。同じ敷地内で共に働いているのに、管理層の人やスタッフは自分の地位を意識し、そして農園タミル人も自分の立場を意識し、互いに無関心を装っているように思われた。

私が特に強く感じたことは、農園で働いている人の地位が、住居や衣服の質の上下、または大小などの目に見える物質的な象徴によって明確にされているということだ。例えば、マネージャーは農園の小高い丘の上に建っている、かつてのヨーロッパ人農園主が使用していた瀟洒な館を住居としている。副マネージャーは広い庭に囲まれた清潔な一軒家に暮らしている。部門管理者は一軒屋、下部スタッフ・レベルの人はある程度の広さのある二軒長屋、そして、労働者はライン・ハウスである。

労働者がマネージャーに何か要請がある場合、例えば、「ライン・ハウスの屋根が壊れたので修理して欲しい」、または、「休暇を取りたい」などの要望をノートに書く。そのノートを事務所に提出するとマネージャーに届けられる。マネージャーの返事はノートに書かれて事務所を経由して労働者に届けられる。つまり、農園マネージャーと労働者の間で直接のコミュニケーションはほとんど無かったといえる。

先にも触れたように、インドの農村部から集団で移動してきたという歴史的経緯のために、農園タミル人の集団が内包している本来的な特徴のひとつとして、インドのカースト制度が強く作用しているといわれている。植民地時代に農園において、カンガーニ制度、カースト制度、カーストを正当化している宗教、プランテーションの社会構造が、イギリス植民地時代の紅茶会社組織の中にぴったりと適合し、そのまま膠着したといわれている。そして、公営化後は、さらに、スリランカの社会文化政治、また民族や身分階層などの要素が編み込まれているように思える。

スリランカにはスリランカ固有のカーストがある。スリランカのカーストは差別というより区別であり、儀礼的というよりも職業的役割の面が強調されているといわれている。職業、昇進、結婚などに関する社会規範として、また食事を共にしないなどの日常生活の中で人々の意識や行動を制約している。つまり、農園コミュニティにはスリランカのカーストとインドのカーストの二つがある。一九八〇年代初期の頃に農園のフィールド調査を行った人類学者のホラップは、カーストが人々の意識や行動を制約している農園の状況について記述している。

農園内や町の社会生活でカーストによる制約は比較的緩やかになってきている。しかし、カーストの考えや人々の意識は依然としてあり、カーストの区別にそって適切であることが保たれている。最も重要な区別は上層カーストと下層カーストの間である。カーストの区別に沿って適切であることとは、例えば、食べ物を扱う際の慣行に表れていて、その慣行はまた人々の相互関係の儀礼的な位置づけを自己認識させるように機能している。タミル人スタッフは上層カーストであり、職業においても異なる社会的地位にいる。上層カーストのタミル人スタッフは通常は下層カーストのライン・ハウスの中に入ることは無く、また下層カーストの台所で用意されたものはどのようなものでも受けつけない。どうしても必要な場合は、瓶入りのソフト・ドリンクをその家のコップを使わずに飲み、二、三枚のビスケットを食べることはある。そこには〝ゲガレ〟という観念が人々の意識にある。下層カーストは上層カーストの人にお茶や食べ物を差しだすことはない。カーストが異なる同席者のいる集まりでは、カップの質の上下で区別をつけることなどが慣行になっている。

(Hollup,O. 1991)

私が知人の紹介でライン・ルームを訪問すると、母親はすぐに子どもにお金を渡して店にジュースを買いに行かせる。そして、ストローを添えた瓶のジュースを私に渡してくれる、という経験は幾度かある。しかし、長年の交流のある農園関係者や、または現地のＮＧＯスタッフと一緒にライン・ルームで椅子に座って話を聞く時などは、家族はカップに入れた紅茶を出してくれた。カップの質は他の食器と比較できなかったのでどのようなものかわからないが、普通のティー・カップで、他の人と同じものだった。

序文で記したように二〇〇二年三月にマドゥルーケレの農園の副フィールド・オフィサーのライン・ルームに宿泊させてもらった時、夕食のテーブルは幼い女児と二人だけで、朝食は私一人だった。他の農園のフィールド・オフィサーや、ノーウッドのマリーの住まい、その他にも宿泊させてもらったが、食事は常に私の分だけがテーブルに用意されていた。食事をしている間、家の中はシーンとしていて、家族の姿はみえなかった。

インドとスリランカでは、食事は社会文化的脈絡において重要な意味を持っているといわれている。食事を共にすることは、人々は互いに同等の「地位」にあるということを表していることになるそうだ。（杉本良夫 一九八七）つまり、私が一緒にお茶を飲んだり、食事をする人と、私は社会的に同じ地位に、カーストのレベルも同じになるということだ。

「紅茶」は重要な国の産業なので、紅茶農園の内に入るにも、農園の人々と話をするにも、全てにマネージャーの許可がいる。そのため、私は農園で調査をしたり、農園関係者と話をする時は必ずマネージャーと面談して、許可を得た。私がライン・ルームに泊まったり、部屋の中でお茶を飲みながら住民と話をするのを、マネージャーたちはきっと、「物好きな人」と思っていたかもしれない。

紅茶産業のマネージメントはスリランカのエリートの職業である。マネージャーは富裕層の出身で、エリート校で学び、教育レベルは高く、英語を流暢に話し、ほぼ「西洋式」生活スタイルで暮らし、贅沢と心地よさに慣れている人々であるといわれている。二〇〇〇年代初めの頃に数名のマネージャーに、「ライン・ハウスを訪ねますか？」と質問させてもらった。「葬式の時以外はライン・ハウスを訪ねることはありません」という答えだった。カーストという考えや、伝統的な因習などはデリケートな性質の問題であって、日本人の私が安易にコメントできるものではないと考える。

ところが、特に青年の農園離れが進むようになり、将来的に農園の労働力不足が問題として認識されるようになると、紅茶会社や農園マネージャーに変化の兆しが見られるようになった。二〇〇二年三月に会ったハットンで活動しているスリランカのＮＧＯディレクターは、「近ごろは、マネージャーは労働者のライン・ハウスを訪問して、一緒にお茶を飲みながら話をするようになりました。マネージャーは以前、農園の人々はＬＴＴＥのテロリストと一緒であると見做していたのですが、彼の考えが間違っていたことを理解するようになりました。今では両者は良好な関係になっています」と話してくれた。

マネージャーが労働者のライン・ハウスの中に入って一緒にお茶を飲むようになったという話は、地元ＮＧＯを通じて中央州の農園コミュニティの人々の間に広まったようだ。長い間続いてきた因習が初めて見直されるようになったといえるのかもしれない。しかし、全てのマネージャーが同じということではなかった。キャンディのある農園ではマネージャーとの交流はなかった。しかし、それから数年後の二〇〇五年頃に、その農園に住んでいる知人からの手紙に、「今では私たちはマネージャーと自由に会話をして、彼に何でも相談できるようになりました。農園の多くの人は満足して暮らしています」と書かれていた。

シンハラ人は心から仏陀の教えを信仰している信心深い仏教信徒だ。仏教は生きものを殺すことを諌めているので人々は蚊もハエも殺さない。私はスリランカを訪問するようになった初めの頃に、シンハラ人の知り合いに、「ハエや蚊を取る粘着テープをスリランカで販売したら、よく売れるのではないかしら?」と冗談まじりで話をした。すると、「スリランカではハエや蚊を殺しませんから、売れません!」と即座に、きっぱりと否定された。しかし、残念なことに暴力や暴動は頻繁に起きていた。

農園タミル人に関しては、独立後に民族間の緊張が高まっていった中で一九六〇年代までは、「スリランカ・タミル人」だけに暴力は向けられていたのだが、一九七〇年代になると農園タミル人にも直接に暴力が向けられるようになった。国の経済状況が悪化すると、不公平な社会構造の中で虐げられてきた人々や、特に仕事につけない青年たちは不平不満を募らせ暴力的行動を起こしたと指摘されている。特にキャンディの農園地域においては、農園周辺の村人たちは、農園労働者は植民地時代から独立後も無料の米配給や住まいなどの優遇を受けているので、自分たちよりも良い暮らしをしているという思い込みを持っていたといわれている。経済的苦境に陥った村人は不満の対象として、農園の人々を襲撃したと推察されている。

二〇〇二年にキャンディで、十年ほどの長い付き合いがあるシンハラ人の青年に、キャンディ・シンハラ人は農園タミル人をどのように考えているか尋ねてみた。彼は日本のNGOで長期研修を受けていて日本語を流暢に話し、穏やかで礼儀正しい青年である。彼は少し考えていたが、デリケートな問題も含んでいる私の質問に対して、率直に答えてくれた。「CWCから現在二名の大臣がでています。そのため農園タミル人の力も強く、彼らの社会保障プログラムは年々良くなっています。シンハラ人は税金を払っているのに、税金を払わない農園タミル人の生活改善ばかりが進んでいます。ライン・ハウスは改築されて、米の配給もあります。農園内の小さな畑で作物を作ることもできます。土地や住まいも無料なので、収入は全て確保できます。年金生活者になってもライン・ハウスから出ていかなくてもいいのです。多くのシンハラ人は農園タミル人の待遇に対して一種の不公平感や不満をもっています」。「でも、農園の仕事はきつくて厳しくて汚いから、シンハラ人は自分たちが農園の労働市場に入っていくことを望んでいません。また、紅茶産業はスリランカにとって重要な産業であり、それを支えているのは農園タミル人労働者であることも分かっています。そのため、私たちは農園タミル人の問題については見て見ぬふりをしています。外国の人の目から隠してきました。政府も市民も彼らについては無視するという態度をとってきました」。植民地時代から根づいている農園タミル人に対する反感のような感情は、いまだにキャンディ・シンハラ人の気持ちの中に燻っているように感じられた。

その後、「人権」「平和」を尊ぶ国連などの国際社会の理念の高まりの中で、国際援助社会やNGOが積極的に働きかけ、同時に、学校教育の場などでも、「人権」「女性の権利」「子どもの権利」などについての教育が推進された。徐徐に一般の人の中にもこのような考えが浸透するようになったと考えられる。農園タミル人に対する暴力は行なわれなくなった。

ところが、その一方で、民営化改革によって多くの農園では新規雇用は行なわれなくなり、青年は農園の外に仕事を見つけるように圧力がかけられたが、農園の外では政府とLTTEの間の紛争が激化し、警察や軍による検閲が厳しくなっていた。一九九九年十二月十八日に当時のクマラトゥンガ大統領は、コロンボで大統領選挙のための演説を行なった直後に、自爆攻撃を受けて右目を失明するという大事件が起きた。その翌年の八月に、ある農園のフィールド・オフィサーを訪ねると、「大統領が自爆攻撃を受けた後は検問が特に厳しくなりました。外で働いていた青年の中にはLTTEの疑いをかけられて、検査を受けることなく逮捕され、監禁される人が増加しています。コロンボで働いていた青年の多くはIDカードを持っていないため、警察や軍による検問を恐れてこの農園に戻ってきています」と話してくれた。

農園タミル人は何層もの堅固な構造を変化させる力は自分たちには無く、現実を甘受する以外に選択肢はないことを認識してきたといえる。そのような結果、劣等意識を、また命令によって管理されることで怯えや従属意識などを、身に着けてきたように思われた。

しかし、反面において、農園は外部社会の不穏で危険な状況から彼らの身を守ってくれる場でもあるといえよう。あるプラッカーは、「家族と一緒に暮らせて、安定した収入を得ることができるのなら、私は一生懸命に働きます」と話してくれた。農園内に点在しているライン・ハウスの居住者は、農園タミル人の生活共同体としての最小単位であるといわれている。農園内の住まいはオーナーシップがなくても、スリランカの中で実体のある「居場所」であり、さらに退職後も住み続けることができる。農園はまさに「ふる里」のように彼らが安心して暮らせる場所だともいえるのかもしれない。

⑵ 農園の学校の国有化 ＝ 教育改革の浸透

教育環境の改善

スリランカではオランダが最初にキリスト教系の初等学校を創設して、そこでシンハラ語による教育が行なわれた。十九世紀にイギリスの支配下になっても、シンハラ語による学校教育は継続された。印刷機によって学校で使用される本は普及し、同時に、書籍、雑誌、定期刊行物や新聞が印刷されたことで、人々の間に広く知識や考えが広まったといわれている。教育制度としては、一八六九年に公共教育省が設立されて教育の普及が促進され、一九四五年に初等教育から大学レベルまで授業料は無料となった。

一九六一年に国連は、「一九六〇年現在で、セイロンは国民の二〇パーセントに相当する初等教育就学者を有し、かつ実質的に初等教育の完全普及を成し遂げた、アジアでは日本以外の唯一の国である」(UN 1961 邦訳)と、スリランカを高く評価した。今から、ほんの五十数年前、アジアでは日本とスリランカだけが初等教育が完全に普及していたのだ。そして、先に記したように、国際開発コミュニティでスリランカは経済発展が遅れていても成人識字率は高いことが評価されている。しかし、農園部門は教育の面においても、長い間放置されていた。

植民地時代に農園主は健康な労働者を必要としていたために、彼らの健康管理には注意を払ったが、労働者の教育は意味が無いとして教育に関心を払うことはなかった。そのため、農園での教育は、自分の子どもの教育を心配する数名のカンガーニによって始められたといわれている。その一方で、労働者の子どもは教育の機会から隔離されていた。

一九〇五年に初等教育委員会は初めて農園の子どもの教育問題を扱い、農園マネージャーは六歳から十歳の子どもに教育を与えることが制度化された。だが、充分に実行されなかった。

一九四六年に農園の学校は公立初等学校となり、国の無料教育制度に組み入れられ、教材、衣服、通学などの経費を補助する子どもの教育福祉制度が設立された。また、親に五歳から十六歳の子どもを通学させることを義務付けた。しかし、農園の教育に関して一番の問題は、訓練を受けていない無資格者が教師になっていたことだった。また、多くの農園の学校は交通が不便な環境にあるため、良い英語教師がいなかった。英語教育を受けられないことが農園の子どもたちが広い社会に参加することを不利にしているといわれていた。

一八五〇年代からキリスト教系のミッション団体によって農園地域の学校教育が活発に行なわれるようになり、高地の農園地域に増えてきた新しい町に次々とミッション系学校が建設された。スタッフとカンガーニ、特にヘッド・カンガーニの子どもは農園の外に建てられたミッション団体のレベルの高い学校に通学するようになった。そこでは英語教育もきちんと行なわれていた。しかし、労働者の子どもはそのような学校に通うことはできなかった。その結果、スタッフやヘッド・カンガーニの子どもと、労働者の子どもの間に、もともとあった社会経済的な格差は、子どもの教育機会の二分化によりさらに拡大していき、後々まで続いているといわれている。

一つの具体例として、キャンディ地区の紅茶農園地帯が広がる入り口にあるパンウィラの町のタミル語学校で二〇〇二年に校長であったP女史について記したい。当時、一年生から十一年生までの生徒数が四二五名、教師が十四名の比較的大きな学校だ。彼女の父親のC氏は一九九六年頃までパンウィラの公営紅茶農園のフィールド・オフィサーであった。C氏の祖父はインドのマドラスからスリランカに移住し、父親はクルネーガラのゴム農園で働いていた。C氏はセント・アントニオ・カレッジを卒業した後、郵便局で働きたかったが、市民権がなかったために公務員になることはできなかった。第二次大戦後にヨーロッパ人農園主は、紅茶農園のオフィサーとして英語の出来るタミル人を多く雇用した。C氏は農園のフィールド・オフィサーとして働くことを選んだ。一方、英語のできない人は農園労働者になったそうだ。

C氏の次女であるP女史はアジア地域でも優秀な大学として知られているキャンディのペーラーデニヤ大学を卒業している。P女史は、「私は叔父の支援を受けて、キャンディの町の学校で一年から高校まで通学できたので、高等教育まで進むことができました。もし、農園内の学校に通っていたら、私は進学など出来なかったでしょう。二十年間教師として奉職して、今はこの学校の校長になりました。今の給与は月額一万三千ルピーです。現在、教師の初任給はおよそ月額二五〇〇ルピーです」。プラッカーのその当時の月収は約三千ルピーだったので、P校長の所得はプラッカーの四倍以上になる。「タミル語学校の校長はタミル人です。シンハラ人は副校長までで校長にはなれません」と語るP校長は校長としての威厳を示し、シンハラ人女性の副校長は彼女に従うような態度が窺われた。

P校長は農園タミル人コミュニティ出身者だが、農園の学校ではなく、町の学校に通うことで最高学歴を習得して、シンハラ人よりも上の権威のある職種についていた。したがって、ヘッ

《表4・1》教育レベル：　社会経済部門別（1985／1986年）

（単位 %）

教育レベル	都市部門	農村部門	農園部門
無就学暦	6.1	10.1	29.2
グレード　0 - 4年	17.1	30.2	40.2
グレード　5 - 7年	20.8	24.2	19.8
グレード　8 - 9年	22.1	18.1	6.2
GCE-O レベル合格者	23.0	13.5	4.2
GCE-A レベル合格者	6.7	2.8	0.4
学位、それ以上	4.2	1.2	0.1

（源出所）**Labour Force and Socio-Economic Survey of 1985/1986,** Department of Census and Statistics.
（出所）LJEWU/AAFLI 1996, p.28 Table 17.

ド・カンガーニや経済的にある程度恵まれた家庭の子どもは農園の外のより良い教育機会にアクセスすることができて、農園の中間管理職や、農園の外で公務員や良い職業につくことが可能となり、社会経済機会を拡大させていく道を歩むことが出来る。

しかし、農園の学校教育の環境も一九八〇年代頃から大きく改善されるようになった。土地改革により農園が国有化されると、農園の学校も順次、国の学校になった。一方、一九七七年に行なわれた普通選挙では選挙戦の主な課題は教育改革だった。この選挙で勝利した統一国民党の政権時代（一九七七年～一九九四年）を通じて、教育省は教育改革を実施した。そして、教育改革は国有化された農園の学校にも徐々に浸透していった。

この選挙で当選し、翌年に大臣になったS・トンダマンは、「農園タミル人は二流の人間として扱われてきた。自分自身を無能で弱い人間と感じ、他の人を怖がっている。これは心理的問題であり、劣等感を抱いている状態から彼らを抜け出させなければばならない。それには教育が必要だ」と主張し、農園部門の教育改善を積極的に進めた。政府予算を使って校舎を改築、新築して教育基盤の整備に熱心に取り組んだ。さらにＣＷＣの基金による奨学金制度も設立された。

政府による教育改革と共に、外国援助組織が教育部門への支援を増大するようになり、その支援は農園部門においても始められた。特にスウェーデンのＳＩＤＡは、一九七八年から最も長期に渡って教育を支援した最大の援助組織であったが、さらに強調したいのはＳＩＤＡの支援のほとんどは農園と遠隔地の農村部の遅れている初等学校を開発するための支援であったことだ。また、ドイツのＧＴＺ(German Agency for Technical Co-operation)は一九八八年から一九九六年まで、紅茶農園地域の基礎教育の開発を最終目標として、農園地域の教師の教育と初等学校開発プログラムを支援した。

さらに、サルボダヤなどのスリランカのＮＧＯや労働組合も農園の教育に積極的に関わるようになった。農園の人が教育を受けられる機会が増えた結果、生徒数は増加していった。ある調査によると、一九八七年から一九九二年までの五年間で男女別の生徒数は、初等課程（一～五年生）では男子は二四パーセント、女子は二九パーセントも増加した。そして、中等課程（六～十一年生）では男子は一〇〇パーセント、女子は一一五パーセントと、特に女子の生徒数が増加したことが示された。

仕事の「格」を意識するようになった親と子ども

親は所得を得るために子どもを農園で働かせ、教育には無関心であったが、教育環境が変化していく中で教育の価値を認識するようになり、子どもの教育に積極的に関与するようになった。そして、子どもが農園以外の職につくことを期待するようになった。例えば、一九九〇年代初期に行なわれた調査に基づいて書かれている本には以下のように記されている。

> 中央高地のバドゥッラ県にある農園の父親は、教育が人生の中で最も重要であり、勉強することによってだけ、そして勉強で良い成果をあげることによってだけ、子どもは人生を前進させていくことができると表明した。
> そして親は農園の仕事は格の低いものと考え始めるようになり、親のこのような考え方は、また子ども自身の教育や職業に対する考えに反映されるようになった。
> (Little, A.W. 1999)

教育改革によって全国レベルで学校教師が増員され、教師の需要が高まった。全国で学校教師が不足している問題を解決するために、教師の訓練と雇用計画が始まった。そして、その影響は農園の学校の教師にも及ぶようになった。国有化された学校の教師は国家公務員である。農園でも資格を取り立ての若い農園タミル人が国家公務員の教師として採用されていった。農園では一九八〇年代初期でも教師がひとりだけという学校も多かったが、資料によると、一九八四年から一九九四年までの十年間に、農園の学校の教師は一一四八名から四八四三名と実に四倍以上に増員されていた。青年たちが実際に教師になっていくのを身近に見聞きして、親は自分の子どもも教育資格を得ることで、教師や国家公務員になる可能性があることを実感するようになり、農園タミル人の意識は変化するようになったといわれている。

さらに、一九八八年にスリランカ市民権が付与されることが法的に認められた。一九九〇年頃にはインド・タミル人の公務員の数はほんのひと握りに過ぎなかったが、親がスリランカ市民権を得られると、子どもは原則的には公務員になることができる可能性がでてきた。またパスポートを入手して海外へ出稼ぎに行くことも可能になった。他方、一九八九年に経済自由化になった。農園の人にとって農園外部で様々な仕事を得られる選択肢が広がった。このような環境の変化により、一九九〇年代になると貧困から抜け出す道として、また賃金労働者である両親とは違う職業につくためのパスポートとして、親も子どもの教育に対して熱心になった。

農園タミル人は長い間、社会の周辺部に押し込められてきた。しかし、彼らを差別し排除している従来の社会的価値基準、即ち、カースト制度とか社会的地位などとは異なる、「教育」という基準があることを彼らは意識するようになったのだ。それまで、彼らの多くは農園労働者になること以外の選択肢は殆どなかったが、「教育」という新しい「社会的資格」さえ手に入れれば、彼らを差別し抑圧している階層的な社会構造や社会文化規範から解放され、発展に向かう道を歩むことができると期待するようになった。

そして注目されるのは、人々は労働を単に所得を得るための機会として考えるのではなく、労働の「質」、また職業に伴う「格」というものを意識するようになったことだ。そして、親は子どもに、また子どもは、教育レベルを高め、新しい価値基準に見合う仕事を求めて、「格の低い」仕事につくことに抵抗するようになった。二〇〇〇年代初期に、キャンディ地区マドゥルーケレ地域の農園に住んでいる五名の若い女性たちと将来の希望について話をした。彼女たちは、「農園の仕事はグレードが低いから働きたくない」、「両親の仕事よりもグレードの高い仕事に就きたい」と、「仕事のグレード」ということに関心を持っていた。

この頃、農園の子どもたちが希望する職業は、男子は教師や農園以外の普通の仕事。エンジニアを希望する男子も数名いた。エンジニアになるには数学や高度な知識が必要なため、男子が憧れる高度な技術職であるといわれている。学校でコンピューター室や図書室などが整備されるようになった影響があると考える。女子は教師、医者、看護師の希望者が多かった。

⑶ コミュニティ内部から生じてきた社会を変えようとする動き

草の根レベルの地元NGOの誕生

スリランカの農村部では古くから村人同士が助け合う相互扶助組織や宗教組織など、CBO（Community-based Organization）と呼ばれる地域コミュニティの団体があった。一方、イギリス植民地時代に、布教を目的としてキリスト教ミッション系団体が設立されて社会福祉活動を始めた。その後、地元社会のエリート層により、仏教、ムスレム、タミル系団体が設立された。今日、NGOと呼ばれる団体だ。さらに、社会福祉や農村開発を行なうNGOが多数設立された。NGOは開発において重要な役割を担うようになり、海外のドナーからNGOへ資金が流入するようになった。一九九七年頃に政府に登録されているNGOの数は約四千と大きく増加し、市民社会の活動が活発になった。政府とLTTEの紛争が激化していた二〇〇〇年代初めには、NGOは紛争地域の救援を中心に活動を行った。特に北欧やカナダの援助組織がこれらの活動を支援していた。スリランカの市民社会の活動領域は次第に、人権、紛争による被災者や被災地域の救援、平和構築の分野へと拡大し、その役割は益々高まっていた。（Wickramasinghe,N. 2001）

しかし、農園地域ではNGOなどの市民社会は育っていなかったといえる。地域社会に根ざしたCBOのような組織はなく、また、キリスト教系ミッション団体は高地の農園地域などで布教活動と学校教育を行なっていたが、農園内ではなく外での活動だった。

紅茶農園は農園主の私有地であったため、一九〇〇年代初期になってもソーシャル・ワーカーや労働者のリーダーでも農園内で活動を行なうと不法侵入の罪で訴えられるため、彼らの活動は阻害されていた。農園は遠隔地に散在していたので、労働者の基本的な社会福祉は農園主の責任にされていた。また多くは外国人が支配する領域であった。これらの理由で農園タミル人を支援するNGO活動は積極的に行なわれなかったと考えられる。

そして、一九七二年に初めてのNGOといえる組織がキャンディ地区に設立された。カトリック教会の司教らが中心になって創立されたサッティオダヤ（SATYODAYA）である。その目指すところは農園タミル人だけでなく、周辺農村の人々も共にNGOの活動に参加することを通じて、自らが能力を向上させ、自分たちを取り巻いている環境や状況に目覚めて、自信をつけていく、というところにある。それにより彼らが民族や宗教、そして言語などの違いを超えて、調和しながら暮らす社会を構築することを活動の目的にしている。（SATYODAYA 1972-1987 & Bulletins）

一方、一九九〇年頃になると、農園に生まれて若い頃に農園の外に出て、外部社会で活動しているNGOに参加して、その後に農園地域に戻り、自分の経験や学習を活かして農園の人のために草の根レベルで社会開発を行なう人がでてきた。しかし、当時はLTTEによるテロ活動が農園地域にも侵入するようになり、警察による検問が厳しくなっていた。集団活動をしていた彼らは警察や農園マネージメントからLTTEの協力集団ではないかと疑われるようになり、社会開発活動を中断せざるをえなかった。このような体験を通じて、彼らはスリランカ社会の中での農園タミル人コミュニティの特異性を客観的に捉えるようになった。そして、自分たちが置かれている環境の中に、受身で押し留められているのではなく、変化を起させる必要があることを実感するようになった。このようにして、農園タミル人コミュニティの内部から、社会変革を目指す動きが生じるようになり、小さな地元のNGOが生まれてきた。

ちょうど同じ頃、民族紛争が激しくなり、その影響で農園タミル人の避難民が出てくると、国際援助組織や国際NGOは農園タミル人避難民を救済する活動を始めた。そのような動きの中で彼らは農園タミル人の問題に関心を向けるようになり、農園は国際援助組織や国際NGOによって改善すべき部門として注目するようになった。そして、農園コミュニティ内部から生じてきた草の根レベルの小さな地元のNGOに彼らは接近するようになった。

国際援助組織や国際NGOは、初めに地元NGOリーダーたちを招いてリーダー研修セミナーを開催して、農園と農村の人々のための事業を実践することを支援した。地元NGOリーダーたちはこのような研修事業に参加して、農園タミル人自身が力をつけていくための専門的な知識や技術を学び、具体的なプログラムについての指導や資金供与を受けることができるようになった。そして、農園を変化させるための外部環境が整ったことを認識し、自分たちのコミュニティの問題を解決するためにNGOとしての体制を整えるようになった。スタッフを雇用したり、小さな事務所を構えたりして組織として充実させていった。それまでは農園タミル人の社会福祉は労働組合が主に役割を担ってきたのであり、農園の人々は組合に依存していた。しかし、彼らの間で社会福祉や社会開発を担う組織として、NGOという新しい組織形態があることが理解されるようになった。二〇〇〇年頃になると、キャンディ県とヌワラエリヤ県に草の根レベルの地元NGOが増加した。

同時に、国際援助組織や国際NGOはスリランカ国内に事務所を設立して、コロンボに居住して仕事をする外国人専門家やフィールド事務所を増加させた。現地スタッフを雇用し、彼らの育成を強化した。これらの中間NGOを媒介として、遠隔地にある小さな地元NGOに小額な資金を援助する支援体制が形成されていったようだ。このような流れの中で、小さな地元NGOのネットワーク化が進展し、草の根レベルの地元NGOの能力は向上していった。

人々の「目覚め」と「社会参加能力向上」を促す社会開発

「農園組織のNGOフォーラム」は中央州の地元NGOのネットワークの一つで、二〇〇二年時点で会員NGOは十七団体であった。二〇〇二年と二〇〇三年にフォーラムに所属している七つのNGOのリーダーたちから話を聞いた。

主な活動内容は、農園にはCBOがないので、最初に住民同士で主に五名でグループ（CBO）を作り、それぞれに名前(花の名前など)をつける。このCBOを基本単位として、会合や勉強会、マイクロ・ファイナンスなどを実施している。CBOの会員同士で生活の中の身近な問題について話し合う。自分たちで責任をもって経理の管理も含めてCBOを運営する。CBO活動を通じて住民の間に相互理解や相互協力意識が醸成されることを促している。

NGO活動は会員の「めざめ」と「社会参加能力向上」に重点がおかれていることが特徴的である。この活動の目的は、会員が日常生活の様々な問題を意識すること、所得向上事業やマイクロ・ファイナンス事業などを通じて実際に所得が向上することを実体験すること、そして、「人間の基本的権利」「女性の権利」「子どもの権利」などの観念的な問題について学ぶこと、そして、これらを習得することを通じて彼らが社会的存在としての能力を高めて、自分たち自身が良い社会に変えていくということを理解できるように促すことにある。

NGO会員の八〇パーセント以上が女性だそうだ。以前には家計は男性の管理下にあり、女性は意見を言うことができなかった。NGO活動を通じていろいろ学び、収入も得るようになって、女性は自分で金を管理し、その使途を決定できるようになった。会員はNGO事務所にグループの経理や会合についての報告書を提出する。以前には女性会員の多くは殆んど字が書けなかったが、少しずつ学んで自分で書くようになった。初めのうちは誤字が混ざっていたが、次第に誤字を正しく訂正できるようになり、自信を持つようになった。以前には農園の労働組合活動も寺院委員会も男性が主導しており、女性は参加することはなかった。現在はＮＧＯ会員の女性同士でコミュニティや生活の問題についても話し合い、コミュニティのリーダーになっている。タミル人の伝統文化には女性は自分の意見を述べないとされていたが、ＮＧＯ活動に参加することを通じて、彼女たちは自分の意見を発言するようになった。

スリランカではＣＢＯは行政の末端組織として機能している。上記のように農園では、ＮＧＯによって形成されたＣＢＯは小さいので、四つほどが纏まって一つの大きなＣＢＯとして政府に登録できるようになった。そして、例えば、ＣＢＯとして水道パイプの配管を役所に申請すると、役所に設置してもらえるようになった。Ｓ・トンダマンは農園タミル人の市民権が法的に認められた時、「次の目的は、長い間、無国籍であった人々が自分たち自身を平等な市民であると考えられるようにすることである」と述べたといわれている。水道管の例は小さなことでしょうが、実質的にスリランカ市民としての権利を得られるようになったのであり、彼ら自身が平等な市民であることを実感できる一歩なのではと考える。

海外の援助組織／NGOによる支援事業

海外の援助組織や国際NGOによる支援事業も積極的に推進されるようになった。二〇〇二年十一月、ケア・スリランカのキャンディ事務所で社会開発プログラムを担当している若い女性スタッフのAさんと会った。彼女は、「ケアは農園部門で二〇〇一年八月からアジア開発銀行の事業として社会開発プログラムを行っています。農園労働者の自治組織を作って、フィールド・オフィサーたちも参加してグループ討論を行い、それらを通じて人々の能力向上の事業を行っています。グループ討論では、深刻な問題や難しい重大な問題ではなく、彼らが関心のある小さなことについての話し合いから始めます。それによって彼らが小さな問題から考えたり、何が問題かを認識したり、また他の人の意見をよく聴くように促しています」。

一方、カナダのNGOであるWUSC（World University Service of Canada）は、農園タミル人が出生証明書またはIDカードを所有することは彼らの基本的権利であるとする考えから、それらの発行を促進する事業を実施していた。農園コミュニティの情報を収集し、農園に出向いて、申請書の作成から署名などのフォローアップまで行っていた。スリランカでは身分証明書はとても重要な書類だ。IDカード、または出生証明書を所有していないと実際に社会で生きていくことはとても困難なのだ。例えば、警察署では最初にIDカードを提出することが求められる。農園の外で自由に行動するために、銀行口座を開設するために、パスポートを取得するために、政府の仕事に就くために、または土地を所有するために、ＩＤカードは絶対に必要である。ＩＤカードがないと農園外部のＮＧＯ活動にも参加できない、つまり、個人的な能力を高める機会にアクセスすることもできない。

ところが、行政によるＩＤカードなどの発行手続きは遅々としたものだった。農園タミル人自身も遠隔地に住んでいて、仕事で忙しく役所に行く時間も無く、多くは識字能力が低いこともあり、ＩＤカードについての認識も薄く、手続きの方法がわからない人も多いといわれていた。そして、二〇〇三年頃にはＩＤカードの申請手続きは農園内事務所でも可能になった。キャンディのパンウィラではケア・スリランカのスタッフが農園内の事務所から申請書を受け取って、キャンディの役所に届けていた。彼によると、「私達が社会開発を行っている農園全体で、すでに約七百名の申請書を役所に届けました」。そして、ノーウッドの二つの農園では、「今では農園タミル人はこの事務所で申請手続きを行うことが出来ます。事務所が一括して申請書類を役所に郵送しています」。農園タミル人がＩＤカードを所有するために周囲の関係者が協力するシステムが整うようになった。

序文で、三人の女性の中のルシーアが二〇〇二年の「国連女性の年」記念式典でスピーチをしたことを記した。式典が開催された学校の掲示板に、先のカナダのＷＵＳＣが作成した「国連女性の年」を記念した大きなカラー刷りのポスターが貼られていた。茶葉を手にしているプラッカーのはにかむような笑顔を大写しにした写真と、「あなたがお茶を飲む時に、プラッカーに感謝しましょう、そして女性たちに感謝しましょう！　二〇〇二年三月八日」と書かれていた。地元ＮＧＯリーダーによると、農園の女性たちは今までパワーが無いといわれてきたし、彼女たち自身も疎外感を抱いていた。しかし、このようなポスターが貼られて、彼女たちは急に自分たちが注目されるようになったと感じているのだそうだ。

その翌年の二〇〇三年七月にＷＵＳＣのキャンディ事務所で、副ディレクターのＣ女史からポスターについての話を聞いた。「プラッカーの女性は孤立しがちなのです。そのため、私たちは二〇〇二年の「国連女性の年」記念日にポスターを作りました。ポスターの目的は農園のマネージャーもスタッフもワーカーも、全ての人たちが彼女たちの存在を意識するように促すことにあります」。

(4) 社会開発プログラムを利用して自助努力で改築した住まい ―― 安心感と自信

アジア開発銀行は農園労働者の生活環境は特殊な環境の中で、長い間、劣悪な状況のまま放置されてきたとして、住居や電気水道などの生活基盤・社会基盤の改善を進めた。既存のライン・ハウスの粗末な屋根を修繕したり、ライン・ハウスを改築する事業が開始された。政府は民営化改革に伴い、農園の社会福祉プログラムを計画し、実践するために、非営利組織の「ＰＨＳ

WT：Plantation Housing and Social Welfare Trust」（農園の家屋建設と社会福祉トラスト）を設立した。同時に、アジア開発銀行により農園会社の敷地内に労働者自身が自助努力によって住まいを改築するパイロット事業が開始された。

スリランカには政府の公務員を対象にＥＰＦ制度（Employment Provident Fund）がある。被雇用者は賃金の八パーセントを、雇用者は賃金の一二パーセントをそれぞれ醵出して、合計二〇パーセントを中央銀行に積み立てる。積み立てられた資金は被雇用者が退職する時に、老後の一時金として支払われるという積立金制度で、日本の厚生年金制度に似ている。農園では労働者は退職する時にこの積立金を一括で受け取り、それを銀行に預けて、上記のＰＨＳＷＴを利用してローンを組むことができるようになった。このような家屋建設支援事業を利用して、自助努力で農園内のライン・ルームを改築したり、新しく住まいを建てたりする人が増えるようになった。その結果、一九九三年から二〇〇〇年までにＰＨＳＷＴを利用して、農園の人々が自助努力で建てた新しい家屋は実に一万三千ユニットになったそうだ。

また、社会福祉プログラムによって、既存の家屋の二三パーセントに相当する三万五千ユニットが改善されたり、または屋根が葺き替えられたりした。労働者世帯の六八パーセント以上が安全な水へアクセスすることができるようになり、四六パーセントが家族用トイレをもつまでになった。

二〇〇二年にキャンディ地区のマドゥルーケレの農園に住む知り合いを訪ねた。彼によると、「現在は、男性は五十五歳、女性は五十歳になると、中央銀行に積み立てられているＥＰＦを引き出す申請書を提出することができます。年に約一一パーセントの利子がつくので、退職時に労働者はおよそ三十万ルピーを受け取ることができます。この農園でもＰＨＳＷＴを利用して、住まいを改築する人が増えてきました」と話してくれた。そして、彼はこの支援事業を利用して、実際に改築したばかりのライン・ルームの家庭に私を案内してくれた。

既存のライン・ルームの多くは窓が板戸のために、窓を閉めると部屋の中は暗くなってしまう。しかし、改築された住まいの内部はガラス窓から陽の光が入って明るく、窓や部屋の仕切りに掛けられたピンク色や白いレースのカーテンがのどかに風にゆれていた。部屋にはそれなりの椅子やテーブル、食器棚が置かれていた。家族は元農園労働者の両親と、プラッカーとして当時も働いていた長女、そして学生の次女だ。彼らは嬉しそうに、そして、いくらか誇らしげに家の中を案内してくれた。その様子から、家族が一緒に暮らす住まいを確かなものにしたという安心感をいだいていることが伝わってきた。

それまでの長い間、住まいは農園主からあてがわれるだけで、住人はオーナーシップがないため自分で修理することも改築することも許されなかった。管理され威圧されるだけであった農園タミル人労働者と家族にとって、自分たちで考え、自分たちの好みに合わせて、家族の力で成し遂げた改築は大事業といえるでしょう。それを達成した充実感と満足感で、彼らは自信を持つようになっているように感じられた。

この家族の住まいがある長屋は四世帯が一棟になっている。そのため、《カラー写真4・1》のように彼らが改築した部分はガラス窓と新しいドアなどで綺麗になったが、真ん中の世帯の部分は改築していないため、古い板戸の窓や入口のままである。きれいな部分とそうでない部分が混在しているライン・ハウスになった。

象は今日でも重要な働き手だ。プランテーションの開拓にも象が大活躍したのだろう。
ハバラナ近郊の路上で（2012年）

第2部

二〇一〇年頃より大きく変わり始めた紅茶のふる里

5　農園システムから、新しい農業ビジネスへ

(1)「紅茶のふる里」の風景

ここでは初めに、改めて紅茶が生産されている場所の風景を紹介したいと思う。茶は主に島の中央部の高地一帯と、そこから南の低地に向って緩やかに下がっていく地域で栽培されている。スリランカでは茶は栽培地域の標高によって、それぞれの茶葉の風味や香りなどの特徴が出るといわれていて、茶の栽培地域は標高差で三つに区分されている。つまり、海抜六百メートル（二千フィート）以下までは低地（low-country）で、その地域で採れる茶はロー・グロウンティーといわれている。次に、六百から一二〇〇メートル（二千フィートから四千フィート）までは中地（mid-country）で、ミディアム・グロウンティーが栽培されている。さらに、一二〇〇メートル（四千フィート）以上は高地（high-country）で、そこの茶はハイ・グロウンティーと区別されている。

「ルフナ」はロー・グロウンティーの故郷で、特に中東諸国で人気がある葉だ。「キャンディ」はミディアム・グロウンティー。「ウヴァ」、「ヌワラエリヤ」、「ディンブラ」の茶はハイ・グロウンティー。これら五つの地域は、スリランカの五大紅茶生産地である。ミルクティが美味し

いウヴァは、ご存知のように、「インドのダージリン」、「中国のキーマン」と共に、世界三大銘茶の一つとされている。

紅茶の産地では、行けども、行けども、茶葉だけが栽培されている茶園が延々と続いている。真っ青な空の下にきれいに丸く刈りこまれた茶の木が整然と植えられていて、緑の絨毯で覆われているような緩やかな起伏の小さな丘、丘、丘である。日本のお茶の産地でも同じように丸く刈りこまれた茶の木で覆われた丘が続いていて、例えば、富士山を背景に広がる茶畑は雄大で素晴らしい。一方、スリランカは山深いところにある茶園が多く、高く聳える崖の懐に抱かれるようにして茶畑が広がっている地域、崖から流れ落ちる滝や、深い谷底の渓流を背にして茶畑だけが連なっている地域など、周囲の自然と一体になったよりダイナミックな風景で、圧倒されるような感動を覚える。多くの方に是非、広大な緑の世界の「紅茶のふる里」を訪ねて欲しいと思う。《参照　カラー写真5・1》

茶の木の間には背丈の高い樹木がところどころに聳えている。樹木は日陰を作って熱帯地方の強い日射しから茶葉を護り、または、樹木の落葉は土にかえって茶樹の栄養になるそうだ。車で走ると道路脇に七、八メートルほどの高さのブーゲンビリアの木によく出会う。高い木の先端まで鮮やかな赤やピンク色の花が咲いていて本当にみごとだ!!

コロンボとキャンディの町を繋いでいる直通電車が日に二便ある。初めてこの電車に乗った時、嬉しくて食堂車で紅茶を飲んだ。というか、飲もうとしたのだったが、電車が余りにも激しく揺れるのでカップを口に当ててお茶を飲むのは至難の技で、結局カップの茶は殆どこぼれてしまった。この電車の最後の車両の最後部の座席は観覧席になっている。大きな窓に向かって座り、過ぎ去っていくスリランカの田園風景をゆっくりと楽しむことができる。

キャンディからさらに山稜地域に向って電車は紅茶生産地の真ん中を走る。標高は段々と高くなり相当の高さまで登るので、電車は丘稜地帯を上る時は時速十五キロでくねくねと曲がりながら登っていく。線路脇に"15Km"と書かれた標識が立てられてあるのでわかる。ちょうど自転車の速度だ。線路のすぐ際から、広く開けた山並みのはるか遠くに霞むように見える連山の峰々まで、茶の木で覆われている壮大な景色を楽しむことができる。

速度は遅くても、こちらの電車の揺れも相当に激しい。時間帯などによっては自由席の車両は多勢の客が乗り込むために、席取り競争になる時もある。その競争に負けて席をとれずに立っている時は、座席の背をしっかりと握っていないと身体ごと飛ばされてしまいそうになる。バランスを崩して座っている人にすごい勢いでぶつかってしまったこともある。がったん、ごっとん、の電車の音も、鉄橋を渡る時のゴー、ギャンギャンギャンという音も凄まじい！しかし、地元の乗客は静かに激しい揺れに身を任せている。お昼時には座っている乗客はバナナを食べたりしている。ご夫婦で紙に包んだカレーのランチを手で器用に食べているので、なんて上手に食べるのでしょう！　と、感心しながら、さりげなく横目で眺めていたら、お母さんがにっこり笑って、手提げ袋から熟れた赤いマンゴーを出して、私に手渡してくれた。お腹を空かせていると勘違いされてしまったようだ……。

車窓からは赤や紫や黄色の花を楽しめる。どの花も素朴で可憐で、木々や草の中にそっと密やかに咲き、高地の涼やかな風に吹かれて微笑んでいる、そんな印象を受ける。「紅茶のふる里」は可愛らしい花が咲いている、穏やかで清清しく、美しい環境の中にある。

中央高地の茶畑が広がる地域の多くは、ジャングルだった土地を十八世紀初期の頃から人間の手作業で生い茂る大きな樹木を切り倒し、木の切り株や大きな石などを取り除いて整地して農園にした一帯だ。今日でも象が大きな材木などを運んで道路をゆっくりと歩いているのにしばしば出会うが、開拓にも象が活躍したのだろう。農園タミル人の労働によってジャングルが開墾された時代は、当然のことながら水や食料は乏しく、労働者はジャングルに生息する野生動物や蛇などに襲われる危険も高かった。労働者は病気や怪我などの苦労の連続で大変であったことが記されている資料があるが、容易に想像できる。主にヨーロッパ人のプランテーション農園経営者たちは、こんな奥地の奥地まで、広い土地を開墾し、茶の木を植え育て、紅茶を生産していたのかと驚く。

中央高地のハットンとノーウッドの間はディコヤである。ディコヤに入ると急に視界が開けて広い湖が見えてくる。本書の背表紙に記載している写真の湖だ。多くの農園地域には川や池、場所によっては滝も周囲にあり、水辺から立ちのぼる水蒸気や霧が美味しい茶葉を育てるそうだが、そこの湖は茶葉を育てるために造られた人造湖だそうだ。高い樹木や茶の木で覆われた緑の山々に囲まれている青い湖と周囲の風景は、静謐な雰囲気に包まれている。心が和む私の大好きな景色だ。

その湖の畔に煉瓦つくりの小さな教会がある。教会の入口の鉄の扉には、「一八七八年建設、第一と第三日曜日、午前八時、英語による礼拝」、と記してある銅版が掛かっている。一八七八年というのはコーヒーが葉の病気で壊滅した後、紅茶を栽培する農園の開拓が盛んに行なわれた時期であった。樹木に囲まれた敷地内にはヨーロッパ人の名前が刻まれている墓石も並んでいる。スリランカの奥地に茶畑を開拓し、紅茶産業を営み、生まれ故郷に戻ることもなく此の地で人生を終えて永眠している人々のお墓であろう。今日でも日曜礼拝が行なわれていて、生花が供えられているお墓もある。周囲の環境も状況もほぼ一三〇年の間ほとんど変わっていないだろうと思う。豊かな緑に囲まれて、湖を見下ろしている小さな教会は、時空を超越したような静けさの中に佇んでいる。《参照　カラー写真5・2》

一九八七年の夏に知人の紹介を得て、初めて農園マネージャーのバンガローに宿泊させてもらった。翌朝、白いシャツと白いサロンの制服を着たおじさんサーバントが紅茶セットをお盆にのせてベッドまで持ってきてくれた。前日に摘まれた葉は夜の間に農園内の工場で加工される。その朝できたばかりの紅茶でいれたモーニング・ティーは美味しかった。ベッドでモーニング・ティーを楽しむのはヨーロッパ人農園主と家族の習慣だったのでしょう。バンガローは場所によっては、国内や海外からの旅行者が利用する宿泊施設やレストランになっている。宿泊施設のバンガローに泊まると、スタッフから「明日の朝、お部屋までモーニング・ティーをお持ちしますか?」と前の晩に聞かれるところもある。機会がありましたら、是非、昔の農園主の暮らしの一部を試されてください。

今日ではマネージャーや副マネージャーの全ては、といえると思うが、農園では単身暮らしで、週末は妻子がいるキャンディかコロンボの自宅で過ごしているようだ。マネージャーのバンガローには、どのお部屋にも家族の大きな写真が沢山飾ってある。二、三人の男性の使用人が料理や身の回りの世話をしている。ある農園マネージャーを訪ねた時に夜になってしまった。月も星も出ていない暗闇で、車のライトだけを頼りにバンガローに着くと、二匹の真っ黒なセントバーナード犬がバンガローから飛び出してきて、私たちの車に向って吠えたてた。農園に暮らしているマネージャーを守るために家の中に放し飼いにしてあるそうだ。

余談になるが、農家に宿泊させてもらった時のことだが、夜に隣の家を訪ねることになった。その晩も月も星もない夜で、勿論のことだが外灯などはなく、本当に真っ暗闇で私には何にも見えなかった。まさに目隠しをされているような状態で、怖くて足を前に進めることができなかった。ところが、子どもたちは何の不自由もないようで、私の両手を引いて隣の家まで連れて行ってくれた。スリランカ人は視力が非常に良いことは知られている。外見としての目も大きくて、くりくりとして、とてもチャーミングな目で、さらに睫は羨ましいほど黒くて長い。そして、スリランカでは色白で、少し太めの女性がもてると、聞いたことがある。

さて、ディコヤの次のノーウッドは、中心街はMain Streetと呼ばれている。幅が十二メートルくらいの一本の道路が街を貫いている。この本通りの両側に小さな雑貨店、食料品店、八百屋などの店が並んでいる。小さな町だが、仏教寺院、キリスト教教会、モスク、ヒンドゥー教寺院の立派な建物が中心部にある。プランテーションによって新しく町が造られるようになると、シンハラ人やムスレム、スリランカ・タミル人の商人や職人、教師なども住むようになった。ノーウッドの警察署によると、今日でも町の住民の九五パーセントはインド・タミル人だそうだ。

上記の湖の側に茶畑に囲まれた宿泊所になっているバンガローがある。私は中央高地の農園地域を訪ねる時、多くの場合そのバンガローに宿泊する。庭にはダリヤ、立ち葵、カンナ、矢車草などの花が咲いている。西洋式東屋もあり、時には新婚旅行と思われるカップルが寄り添って長椅子に腰掛けているのを見かけることもある。イギリス式の建物の内部は、天井は高く、居間には暖炉が設えられている。夜は冷えるのに夜具は薄い布地の上掛けだけで、しかも、ちょっと湿っぽい。ここはスリランカの山奥だと我慢して、自己防衛としてパジャマの下にシャツやレギンス、靴下などを着込んで休む。湖の側の教会の墓地に眠っているプランターと家族はこのような屋敷で、どのような生活をしていたのだろうか、どのような思いで日々を暮らしていたのだろうか、など考えてしまう。《参照　カラー写真5・3》

朝起きると、バンガローの居間の大きな窓から美しい山並みと、重なり合う峰々のずっと後ろに、アダムス・ピークと呼ばれている山の頂の三角形が小さいがはっきりと見える。とてもすがすがしく、素晴らしい景観だ。アダムス・ピークは二二三八メートルのスリー・パーダ（仏足山）の頂上で、山頂には大きな岩がある。仏教徒は「仏陀の足跡」、キリスト教徒は「セント・トーマスの足跡」、ヒンドゥー教徒は「シヴァの足跡」、そして、イスラム教徒は「アダムの足跡」としている。つまり、宗教や民族によって区別することなく、四つの宗教が共に信仰の対象としている聖地なのだ。夜に麓から登って頂上でご来光を拝むという習慣は富士山登山と同じで、多くの人が訪れている。

この山頂には春頃に黄色の小さな蝶の群れが飛び交うことで知られている。ものすごく沢山の蝶々が飛び交うそうだが、残念ながら私はまだその景観を見たことは無い。しかし、幸運なことに、二〇一三年十一月末に蝶々に出会った！「ルートA7」をハットンを発ってから一時間ほど下ると、道路の周囲は茶畑だけだったのが、茶、ココナッツ、バナナなど多種の樹木を栽培している農村部に入る。そのあたりから、モンシロ蝶より小さい、可憐な黄色の蝶々が二十匹くらいまとまって、ひらひら、ひらひらと、また少し行くと、ふわふわ、ふわふわと、私たちの車の前や後ろに飛び舞っていて、とても心地よい幸せな気分を味わった。思わず、「蝶々、蝶々、菜の葉にとまれ……」、と車の中で大きな声で歌ってしまった。アダムス・ピークはシンハラ名で「サマナラ・カンダ」と呼ばれているが、サマナラは「蝶」、カンダは「山」という意味だそうだ。

⑵ 農園ワーカーの長年の夢の実現――定住地「ホーム」の確保へ

一戸建ての我が家の所有者に

二〇一一年の秋、八年振りに訪ねた農園地域での変化はいろいろとあったが、私がとても驚いたことのひとつは農園ワーカーの一戸建ての家があちらこちらに建てられていたことだ。八年前までは、副フィールド・オフィサーなどの住まいとして一戸建てが新築されるようになっていたが、ワーカーの一戸建て住宅は私の知る限りでは全く無かったといえる。長い間、ライン・ハウスだけを見てきた私には、同じような一軒屋が農園地域に沢山建っている光景を見た時は、なんだが夢をみているような感じがした。中地のキャンディ地区でも、中央高地ヌワラエリヤ地区のハットンやノーウッドでも、そこから少し南東に下がったボガワンタラワの紅茶農園地帯でも、農園ワーカーの新築や建設中の一戸建ての家がいたるところにあった。農園地域の景色は随分と変わってきた。《参照　カラー写真5・4》

しかし、農園ワーカーの一戸建ての家はまだ農園コミュニティ全体の一部に過ぎず、地域や農園、また、同じ農園内でも様々だ。古いままのライン・ハウスも沢山ある。または、ライン・ハウスのままであるが、内部は住み易そうに綺麗に修繕されて部屋数も増え、電気はひかれ、外装もペンキが塗られ、住まいの周辺部も整理されて暮らし易い、清潔な住空間に改善されたところも多くなっている。《参照　カラー写真5・5、5・6》

ノーウッドの農園のライン・ルームで暮らしている元ワーカーの住まいを訪ねると、居間にはテレビや椅子などが置かれていて、彼らの生活は格段とよくなっていて、安定した暮らしを楽しんでいる雰囲気が感じられた。ほんの十数年前のライン・ルームの室内を思い出して、農園タミル人コミュニティが大きく発展していることを実感した。《参照　カラー写真5・7》

移民から定住者になった農園ワーカーと家族にとって、安心安定した暮らしを確かなものにするために、自分たちが自由に使える土地を所有することは彼らの強い望みであるといわれている。前に記したように、イギリス植民地政府は一八四〇年の土地法によって、村人が焼畑による移動農業のために共同利用していた無登録地をイギリス直轄領として、プランテーション農園を経営するヨーロッパ人に販売した。そのため、農園のために自分たちの土地を取られてしまったという考えは、キャンディ地域の多くの人々の間に深く浸透しているといわれていた。さらに、この問題はキャンディの政治家の間で利用されてきたということも指摘されていた。そのため、土地の使用権を農園タミル人に渡すことは、特にキャンディでは地元社会から反発を招く恐れがある非常にデリケートな問題であった。

一方、民営化改革が実施される前、農園が公営部門から再び民間会社の管理の下に入れられることになった時、賃金や労働日数の規定だけでなく、住む場所や雇用がどうなるかという先行きに対する不安感から、農園ワーカーの間に動揺が起きた。世界銀行のレポートの中に、民営化改革を実施するに当たって農園ワーカーの不安を鎮めて民営化改革を順調に進めるために、彼らに土地を譲渡する問題が検討されていたことが書かれている。「しかし、このような土地問題は近隣の土地無しシンハラ人農民の間から、また百年以上も抑圧されてきた周辺の小規模な地主世帯から、強い反対が起こるであろうと懸念された。労働組合は農園労働者にライン・ハウスの所有権を与えるように圧力をかけたが、政府と新しいマネージメントは反対した」。(WB 1995)

民営化改革が始まり、その後も継続して国際金融機関による支援事業が進められたが、その中の労働者政策に対して、有識者やメディアから意見や提言が出されていたことは前に記した。それらの意見の中に農園居住ワーカーの土地所有権の問題も言及されていた。例えば、シャンムガラットナム氏は一九九七年の書籍の中で以下のように記している。

平和が戻れば青年は農園の外に流出するということは予測できる。しかし、農園会社は、将来的に、特に中央高地の大規模な土地資源と、農園居住の人的資源を活かした多角的ビジネスに拡大することで、持続的に発展することは可能である。そのために必要なことのひとつは、農園タミル人の権利の問題を解決することである。彼らに対する国レベルの教育と保健制度、そして農園内居住地の所有権、また自由市民として生活する権利を充足させる包括的な政策が必要である。

(Shanmugaratnam, N. 1997)

アジア開発銀行二〇〇二年事業の中に、「青年の自発的失業や農園外部への流出を減らすために、家の所有権を与えることは効果が期待される」と記されていた。さらに、家の所有権だけでなく、農園の土地を農園ワーカーにリースする計画についても、初めて触れられていた。農園会社は土地を政府からリースしてプランテーション農業を営んでいるが、その土地をワーカーに再リースすることが検討されるようになったと推察する。しかし、同時に、「スリランカは、土地問題は非常にデリケートであるため、法的、社会的、民族面で慎重な調査を行なった後に実験が開始できる」とも記されていた。農園タミル人へ農園の土地を再リースする構想は検討されるようになったが、実際に計画が進められるかの見通しは不透明であることが暗に示されていた。二〇〇二年二月に政府とＬＴＴＥの間の民族紛争は永久停戦合意が調印されたが、紛争問題が終焉するという確証には至っていない時代状況にあったことが背景にあったと考える。

そして八年後に訪ねたキャンディ地区マドゥルーケレの数箇所の農園では、農園居住ワーカーと家族に農園の土地をリースすることが実際に進められるようになっていた。農園会社によって内容や条件などは様々なようだが、その農園に住んで働いているワーカーだけを対象にして、五パーチから十パーチ、平均で七パーチの土地がリースされる。ワーカーと家族はその土地に、年金を元にして政府によって実施されている低金利のローンの制度を利用して、自助努力で「一戸建ての我が家」を建てるということが、現実に、始まったのだ。

スリランカでは土地面積の単位は「パーチ」という、日本では馴染みの無い単位が使われている。「一パーチ」は「約二五・二九三平方メートル、または約七・五坪」なので、七パーチは約一七七平方メートル（五十二・五坪）の土地面積となる。

土地を売ることはできないが、自由に使用することができる権利が与えられる。二、三の部屋とトイレのある家の建設費はおよそ三十万ルピーから四十万ルピーで、実際に家を建てるワーカーは増えてきているという。

以前はキャンディなどの「中地」に比べると、ヌワラエリヤなどの「高地」では、青年の農園離れの動きはあまり起きていないといわれていた。しかし、近年では「高地」でも近い将来、青年の農園離れが進展することが懸念されるようになっていた。今日ではワーカーの家庭の子どものほとんどは学校へ通い、コンピューターを勉強し、教育レベルも高くなっている。将来は、そのような子どもたちが活躍できるチャンスは広がってきていることは確かだ。そのため、高地でも土地をワーカーにリースして、ワーカーが農園内に自分の家族の家を建てる家屋建設プログラムが始められるようになっていた。

ヌワラエリヤ県アップコットにあるA農園のマネージャーについては序章で紹介した。彼が所属している農園会社は紅茶、ゴム、ココナッツなどの六十の農園と、百ヘクタールのパームオイル農園を所有している大会社だ。彼がマネージャーとして働いているA農園では千人近い男女のワーカーが働いていて、その九八パーセントは農園タミル人だそうだ。ワーカーの退職は、男性は五十八歳、女性は五十五歳だが、希望すれば男性は六十歳まで、女性は五十八歳まで働くことができて、家族のうちの一人でも働いていれば農園内に住むことができる。農園には一九三二年に建てられた工場があり、工場の出荷量は最盛期では一日に一万二千キログラム、最少期では六千キログラムということだ。

彼の会社でも七パーチの土地をワーカーにリースして、ワーカーが家を建てるというハウジング・プログラムを推進している。しかし、新しく家を建てることができるワーカーはまだ一部に過ぎず、古い住まいに住んでいる家族は多い。会社は約二十年前からトイレを建設する保健衛生プロジェクトを行ってきたので、今では、全住民がトイレを建設して使用している。ワーカーの家庭では水は汚れたままで生活周辺に流していたが、今では汚水を処理する衛生設備を整えている。煮炊きなどのために周囲の材木を伐採することに対処するため、LNGガスやプロパンガスの使用を進めている。高地の農園でも生活環境は大きく改善されるようになった。

住まいは一方的にあてがわれるだけで、自分では修繕も改造も許されず、粗末で狭い空間であったが、現在では一戸建て家屋のオーナーになることも可能になった。このようなことは、農園ワーカーと家族が尊厳を取り戻すために大きな効果があることは確かであろう。

自由に使える土地の権利の所有者に

将来の農園労働力不足の問題は一九九〇年代末頃から懸念され始めていたが、あれから二十年余りの間に青年の農園離れの傾向は、特に中地のキャンディ地区では非常に進展しているようだ。今日、プラッカーの子どもは勉強をして、GCE―Aレベル の資格を取り、教師や政府の役所で事務員として働くことを希望している。マドゥルーケレのタミル語初等学校の教師になっている青年は、父親がフィールド・オフィサーであるが、「今では、プラッカーのなり手は少なくなっています。二十五年後には、この地域には多分プラッカーはいなくなると思います」

とはっきりと言い切った。彼の妹も教師だ。序文で紹介したルシーアの教育センターでは就職の世話もしているが、センターの卒業生は全員が農園で働くことを望んでいないそうだ。ルシーアは、二十年後にはこの辺りには紅茶産業で働く人はいないでしょう、とさらに厳しい意見であった。キャンディ地区で今回会った農園タミル人コミュニティの多くの関係者から、このあたりの地域ではいずれプラッカーになる人はいなくなるであろうという声を聞いた。

農園ワーカーの子どもの農園離れの動きを抑え、将来も農園に住んで、働くように促すインセンティブとして、ワーカーが農園に自宅を建てることを奨励する事業が進められている。しかし、キャンディ地区では農園に自宅を建てても、農園の外の仕事に就く人は少なくないようだ。二〇一三年に訪ねたマドゥルーケレの農園内の新築の家は、元ワーカーの父親と元プラッカーの母親の退職金を元にローンを組んで建てた洒落た家だった。息子はその家で暮らしながら、キャンディの町にある旅行会社で働いているという。日曜日だったので彼は自宅にいて、スリランカ音楽のCDを楽しんでいた。

農園ワーカーが所有権を譲り受けた土地に、自分で一戸建て家屋を建てるプログラムはさらに進展するようになった。農園会社はワーカーに農園の土地の一部の一エーカーから二エーカーを割り当てて、家族労働で茶葉を摘む小規模農家に育てるプログラムが始められるようになった。農園会社は小規模農家が家族で摘んだ葉を集荷して、農園内の工場で紅茶に加工するというシステムだ。先のアジア開発銀行二〇〇二年事業の中に、ワーカーを農園組織の労働者ではなく、将来的に、紅茶を栽培する自立した小規模な個人農家にする構想も議論されていることが記されていた。「すでに数箇所の農園会社は小規模な土地をリースすることを前提条件にして、ワーカーにある区画の土地を割り当て、彼らがオーナーシップを意識することを促している」と。しかし、その当時、面談をした当事業の関係者は、「非常に多くの困難な問題があるために長い時間がかかり、試行錯誤が必要です」と述べていた。

そして、今や、実際に、その構想も進められるようになったようだ。内容や条件などは農園会社によって異なるようである。新しい試みであるため、どのようにすれば紅茶産業を発展させることができるか、さらに新しい農業ビジネスを推進することができるかが大きな課題であり、そのために、まさに様々な試行錯誤が始められた段階にあると推察する。一エーカーはおよそ四〇四七平方メートル、または約一二二四坪である。二エーカーはその倍であり、日本人にとっては相当広い土地面積だ。

スリランカでは紅茶農園は土地の広さと経営形態によってグループ分けされているが、その基準などは時代の流れの中で変化している。土地改革では、二十ヘクタール以上の紅茶農園は全て国有化されて公営農園となり、二十ヘクタール以下の農園は個人所有の民間農園（スモール・ホールダー）として残された。その後の民営化改革で、公営農園の多くは農園会社に委譲された。

近年は土地面積ではなく、所有形態で二つの部門にグループ分けされているようだ。「公営農園」と、現在は二十ある「農園会社の農園」は「プランテーション部門」として纏められている。個人、または民間企業が所有している農園と、小規模な茶栽培の農民の農園は「スモール・ホールダー部門」として纏められている。

プランテーション部門の農園会社は、それぞれ、二十数箇所の農園を所有している。広大な面積の茶畑を管理し、紅茶加工工場を稼動させるために、多くの農園内居住ワーカーを必要としている。そのため、農園ワーカーが将来も農園で働くことを促すために、彼らが農園内に自宅を所有して、農園内の区画した土地で茶を栽培する小農になるようなプログラムが、さらにワーカーのための様々な福利厚生が進められるようになった。

二〇一二年七月に、キャンディ地区マドゥルーケレのF農園のS・K・マネージャーを訪ねた。二十三個所の農園を所有しているという農園会社の農園で、七二〇名のワーカーと七十名のスタッフと、二名の幹部が働いている。この農園で四年間働いているという若いマネージャーは、近年、厳しくなってきた農園経営について困惑しているような様子で、時には厳しい表情を浮かべながら話をしてくれた。

マネージャーによると、プランテーションを経営する経費が上昇してきたため、会社はできるだけ経費を抑えてビジネスを維持できるように、新しいシステムを始めることを決定したそうだ。日賃で働いているワーカーにとっては労働日数を減らすことは問題になる。そのため、ワーカーの家族の能力に応じて、一エーカーから二エーカーの土地をサブ・リースする。彼らは週のうち六日は会社の農園で働き、一日は自分の茶畑で働いて、摘んだ葉を会社に渡す。肥料などは会社がワーカーに与える。会社の農園で働く時は一日のノルマは十九キロで、日賃は五七二ルピー、十九キロを越えたオーバー・キロ分の支払いはキロ当たり二十ルピー。しかし、二年ごとに労働組合と会社の間で集団交渉が行なわれるので、来年には労賃はまた値上がりするだろうと、マネージャーは懸念していた。

そして、紅茶農園を維持していくためにはワーカーに農園に住んで働いてもらうことが必要であり、そのために、今ではワーカーと家族の待遇は非常に良くなっているそうだ。先ず、住みやすい持ち家を農園内に建てるような支援制度がある。ワーカー自身が二十万ルピーのローンを組む。それに政府から約二十万ルピーの援助金と、会社からの無利子の二十万ルピーのローンが与えられる。ワーカーは合計して約六十万ルピーで農園に家を建てる。自宅の前まで小道が整備され、家の中にトイレがあり、水道に電気に、さらには雨水を保存する設備もついている。このように設備が整った家を所有し、さらに茶畑がリースされるという。農園ワーカーにとって素晴らしい厚待遇が現実になったようだ。

この新しい制度は二〇一〇年に考案された。対象になれる家族の条件は、ライン・ハウスが密集している場所に家を建てる、夫婦とも農園で働いている、四十五歳以下。さらに、子どもの数なども考慮されるそうだ。二〇一一年に試験的に始められたこの制度は成功の可能性があることが認められて、政府の「プランテーション人間開発トラスト」のコンペで一位になったそうだ。「今年は一五〇家族をこの制度の対象にする計画です。会社も政府もこの制度を評価し、賛成しています。政府は外部援助組織からこの制度のための援助金をもらっています」。

バンガローでKマネージャーに会った後の帰り道に、農園のあちらこちらに建っている一戸建て家屋が目についた。しっかりとした家屋で、外壁は地味目のピンク色、または緑色に塗られている家などがある。あてがわれるだけの住まいに長い間住んでいた人々が、まるで自分の好みを主張しているかのように感じられた。平屋の家と、十分に広い前庭には草花が植えられている。庭に白い椅子が置かれている家もあり、住人の精神的なゆとりが感じられた。《参照　カラー写真5・8》

そして、道の反対側を見ると、こちらはライン・ハウスのままである。外壁は派手な色のペンキが各世帯の部分ごとに違う色で塗られている長屋が並んでいる。《参照　カラー写真5・9》まるで家畜小屋のようだと言われていた昔の粗末なライン・ハウスに比べると、陰気さや貧しさという感じは全くなく、整然としていて、明るく、楽しい雰囲気が感じられるワーカーの居住空間に変容していた。しかし、一戸建て家屋と、ペンキが塗られたライン・ハウス棟が、三メートルほどの幅の園内の道を隔てて混在している風景は不思議な空間であり、農園コミュニティ内部に格差が生じてきたようだ。だが、それが農園会社の戦略なのかもしれないと、ふと感じた。しかし、農園の人々の生活環境は全体的に見違えるように良くなってきたことは確かだ。

(3) 農園会社による手厚い社会福祉――「楽しい行事」から「お墓」まで

大きな農園会社はこれからも農園居住ワーカーに大きく依存していくのでしょう。農園労働力を確保するために、会社は農園タミル人ワーカーを厚遇するようになっている。農園ワーカーは土地の使用権や「我が家」を所有するようになっただけでなく、さらに様々な恩典も会社から与えられるようになった。例えば、先のマドゥルーケレのF農園では、ワーカーが五年間働くと一ヶ月分の賃金の半分ほどの特別給が支払われる。さらに十年後、十五年後と継続して半月分が支払われる。農園内には二十四時間無料で診察が受けられる診療所があり、健康クリニックや眼科もある。キャンディの町から専門の医師が定期的に来園して手術もできる。農園タミル人が好むアーユルヴェーダの診療も行なわれている。もしも病気が重い場合は、病人は政府の病院に輸送されるが、全て無料である。誰かが死ぬと、お棺の費用も、墓穴を掘るための経費も、農園会社から支払われるそうだ。

保育所は前に記したように、一九七〇年代半ば頃よりユニセフの支援で建てられるようになった。一九九〇年代に私が訪ねたマドゥルーケレ地域の全ての農園に保育所はあったが、いくつかの保育所は維持管理が十分でなく、雨の日などは壊れた屋根から雨水が漏れていた所もあった。以前は、保育士は幼児の言葉であるタミル語を話すタミル人ではなく、言葉が通じないシンハラ人の女性が多かった。シンハラ人の女性保育士は政治的影響によって農園社会の外部から任命されている場合が多いといわれていた。そのため、幼児は知らない言葉でいろいろ言われても分からないので、幼い時から怯えることが身についてしまう、という不満の声を聞いた。しかし、今では保育士はタミル人とシンハラ人が半々となり、幼児の面倒を見るだけでなく、基礎的な教育も行っているそうだ。

十年ほど前は若い母親のプラッカーは毎朝、仕事に出る前に子どもを保育所に預け、摘んだ葉を集荷場でスタッフに渡すと急いで保育所から子どもを引き取り、自宅で昼食を食べさせ、午後の仕事の前に再び保育所に連れて行く。彼女たちは仕事と育児と家事に、毎日、息つく暇もないほど働き尽くめであった。しかし、今では、例えば、F農園の保育所では幼児に食事が提供されて、乳児には無料のミルクが配給されている。さらに母親のプラッカーは日に四回保育所に行って母乳を与えることができる。

F農園だけでなく、どこの農園でも保育所はしっかりとした建物で、外壁には可愛い動物や綺麗な花が描かれていて楽しそうな雰囲気が感じられる。《参照　カラー写真5・10、5・11》

プラッカーは朝の八時半頃から午前の仕事が終わるまで、水も飲まずにひたすら茶葉を摘み続ける。二〇〇〇年代初めの頃にマドゥルーケレのM農園内で、工場の隣にプラッカーのための休憩所が初めて作られた。そして、久しぶりに訪れた農園地域で、道路の木陰の集荷場に石で囲んで作った簡単な炉があり、そこに大きな瓶が置いてあるのを見つけた。初めて見る光景だったので何のためかと不思議に思った。茶畑でプラッカーに飲ませるために用意されているお茶の瓶であると知った。彼女たちは集荷場で摘んだ葉を監督者に渡した後、温かい紅茶をそれぞれが持参した容器にいれてもらっていた。暑い日差しや雨の中で働いている彼女たちのために、福利厚生がこのような形でも、ほんの一歩前進したといえるでしょう。

一方、高地アップコットのA農園では子どもを支援するプログラムがある。第一子と第二子には二万九千ルピーが、第三子には一万四五〇〇ルピーの手当が与えられるそうだ。〇歳から一歳までの間はミルクを、一歳か二歳までの幼児にはお米が供与される。

序文で紹介したノーウッドのマリーの家の隣の敷地には農園の診療所がある。十年前には、簡易ベッドに出産をひかえた数名の妊婦さんが体を休めていた。しかし、今はもう簡易ベッドは置かれていなかった。妊婦さんは出産の二日前に設備の整った地域の大きな政府の病院に入院して出産するそうだ。ディコヤの湖の近くに、産科病棟なども整っている地域医療の中心である公営の大きな総合病院がある。植民地時代に建てられた石で造られたコロニアル・スタイルの趣のある立派な建物だ。そして、病院の前の三メートルほどの道を隔てた反対側の敷地に、インド政府の援助によって大きな病院が建築中だった。この新しい病院には最先端の設備と機材が整えられているそうだ。二〇一四年五月に開院予定で、初めの二年間はインド人の医師と技術者が勤務して病院を運営し、その後にスリランカ人に委譲するという話である。この病院

では出産、CT、MRI、レントゲン検査などは全て無料だそうだ。《参照　カラー写真5・12》

ここで、スリランカと日本・中国・インドの関係について、主に公式資料に基づいて、少しだけ記したい。日本は一九五四年からスリランカへの支援協力を開始して、一九六九年からは継続してトップドナーとしてスリランカに対して経済協力を進めてきた。二〇〇二年に政府とLTTEの間に調印された停戦合意をうけて、日本は「スリランカ復興開発に関する東京会議」の四共同議長国のひとつとして、和平プロセスにおいて主導的な役割を果たし、三年間で十億ドルの支援を表明した。二〇〇四年末にスマトラ沖地震が起き、津波によって大きく被災したスリランカの被災地域への緊急救援や復興に積極的な支援を行なった。（外務省　国際協力［政府開発援助ODA ホームページ］スリランカ国別評価調査　二〇〇八年三月）

二〇一一年十一月には日本の支援で建設されたスリランカ初の高速道路が開通した。コロンボから南部のマータラまでの国道「ルートA2」のバイパスで、全長約一二八キロメートルの道路だ。二〇一二年夏に、全部はまだ完成していなかったが、この高速道路を走った。私たちの車の前にも後にも、対向車線にも他の車は走っていない時が多く、私たちの車だけが完成したての、広くて立派で綺麗な高速道路を突っ走った。スリランカの道路を走っているとは信じられないような、でも、道路の両脇には茶畑とココナッツ椰子だけの風景が続いているので、確かにスリランカだと思いながらの楽しい経験であった。

二〇一四年九月には安部首相が、日本の首相として一九九〇年以来二十四年ぶりにスリランカを訪問した。両首脳は、両国間の関係を「海洋国家間の新たなパートナーシップ」に高めて、太平洋・インド洋地域の安定と反映に資する協力関係を構築してゆくことになった。つまり、長い間、日本にとってスリランカは大事な国であり、スリランカにとっても日本は篤い友好国であったし、今日でもそうである。

しかし、内戦終結の頃より、中国がスリランカへの支援を強化していた。ジェトロ・アジア経済研究所のスリランカ担当の荒井悦代研究員による論稿の抜粋を紹介したい。

スリランカの内戦時にスリランカ政府による人権侵害が行なわれたとして、アメリカと西欧諸国はスリランカへの軍事支援や復興支援を停止した。一方、中国は内戦を終結させるために武器を供与し、内戦後には復興支援のための資金を供与した。スリランカはヨーロッパや中東、中国などを結ぶ海路に近く、地政学的に重要な位置にある。世界のコンテナ船の半分はインド洋を航海している。しかし、アメリカはこの地政学的価値を過小評価していた。その間に、中国は援助などによってスリランカに取り入り、インド洋におけるパワーバランスで優位に立とうとしている。中国のこれらの活動によって、アメリカやインドの利権が脅かされるようになっている。

そして、インドは二〇一三／二〇一四年度予算で、対スリランカ援助額を前年度の二十九億インド・ルピーから五十億インド・ルピーにと大きく引き上げた。インドの海外援助全体の一〇パーセントに及ぶ額である。（pdf『スリランカとインド・中国の政治経済関係 二〇一三年三月』）

（二〇一五年一月十日）

二〇一五年一月八日にスリランカの大統領選挙が行われ、現職のラージャパクサ大統領の親中路線に反対してきた新人シリセーナ候補が当選して、新大統領となった。新シリセーナ政権は基本的に非同盟中立、ラージャパクサ前大統領の過度の中国依存を見直し、日印中などとの均衡の取れた関係の構築を目指すとされている。そして、内戦終結前後から悪化した欧米諸国との関係の改善を希望している、と伝えられている。

話を元に戻そう。前政権の元では中国からの支援が非常に大きくなっていたが、中国と競合してインドも援助を増進させていた。インドによる病院建設はその一環であろう。南インド出身者が多数住んで働いている高地の農園地域の真ん中に病院が建設されたことは、スリランカ市民になった農園の人々にとって、自分たちのルーツのインドが援助してくれていることに心強さを感じるのは自然なことと思う。一方、近代的設備が整い、しかも、無料で診察してもらえる大きな病院があることは、農園地域での暮らしの質を高めて、人々が他の地域に出て行くことを抑制する効果も期待できるであろう。農園の労働人口の流失を止めたい農園会社にとっても有り難い援助であろうと考える。

ボガワンタラワのＬ農園のタミル語初等学校では、医師は毎月一度か二度学校に来て、生徒の身長と体重測定，歯の検診、病気のチェックなどの体格検査や診察が行なわれているそうだ。非常に優遇されているといえよう。

高地の農園地域では、このように今では政府の病院の設備が整備され、より良い診察や薬が無料で受けられるようになった。そのため、農園内の診療所は現在では医療活動というよりも、農園の人々の福利厚生サービス事業を推進する役目を担うようになっている。二〇一三年十二月にノーウッドの農園診療所の医師にお会いした。医師は二〇一三年の春から行なわれた農園ワーカーと元ワーカーが参加する様々なプログラムについて、きれいに整理されている写真やポスターを示しながら熱心に話をしてくれた。

例えば、「狂犬病予防注射プログラム」が二〇一三年三月二十一日にノーウッドの農園で行なわれた。農園居住者が協力して犬を捕まえて、二二五匹の犬に狂犬病の注射を打ったそうだ。放し飼いの犬や猫が沢山いるが、その多くは狂犬病にかかっているといわれていて、現地の住民が放し飼いの犬にかまれて狂犬病にかかるケースもあると聞いている。

米と粉と水にビタミンと鉄分の栄養素を加えたものを、プラッカーと子どもに毎月与える「栄養補助プログラム」が始められた。農園の女性は重い貧血症の人が多いと以前からいわれている。プラッカーとして働く女性たちには、さらに栄養を改善するためにダール豆も毎週支給している。また、「子どもたちを招いてお誕生日パーティー」、十月には「ハンバントタ港へのバス旅行」、「農園会社が企画して、ワーカーは五ルピーを支払って参加する旅行」なども実施されたそうだ。

特に興味深かく思ったイベントは、九月に開催された「農園居住の高齢者を招いてのスポーツ大会」だ。農園ワーカーは退職しても農園に住み続けている。今日、農園居住者の約二五パーセントは高齢者だそうだ。近年スリランカの都会では高齢者をホームに預ける場合もあるそうだが、農園には老人を預けるホームなどはない。農園タミル人社会では家族が高齢者の面倒を見ている。しかし、家族は忙しいため、高齢者はとかく家族や周囲の人からなかなか相手にされずに、孤立している場合が多いそうだ。会社はそのような高齢者を招待して、スポーツを楽しんでもらう大会を開催して、プレゼントもあげた。写真には、高齢者たちがハンカチのようなもので目隠しをして、地面に置かれたポットを壊すという、日本の「スイカ割りゲーム」のような競技をしている姿が写っていた。女性たちは綺麗なサリーのようだ。彼女たちにとって、これは普段着のサリーではなく、お出かけ用の豪華なサリーを着て競技に興じていた。しかも、のスポーツ大会は非日常の特別の「晴の日」だったと想像する。家にこもっていることが多い高齢者にとって、どんなにか楽しい行事だったであろう。この催しは農園の医療スタッフが考え、警察官も招待して行なわれ、新聞にも取り上げられたそうだ。さらに、「メガネの検診」、「歯科衛生プログラム」、綺麗な水を摂取できるように、皆が協力して「石を敷き詰める活動」なども行なわれた。

農園労働人口を農園内に留めておくために、農園会社、現場の最高責任者であるマネージャー、そしてスタッフはいろいろと考え、様々な工夫をしていると推察する。特に、「高齢者のスポーツ大会」は、今ではもう働いていないワーカーなのに、彼らが孤立感をいだいているのを慰労しようとする優しい配慮がなされたということだ。

キャンディ地区でも高地でも、農園地帯の広場や学校の校庭などで、放課後の時間や日曜日に、男子がクリケット、ネットボール、フットボールなどに楽しげに興じているのをよく見かけるようになった。ディコヤの茶園では、茶畑の一隅に造られたコートで青少年がネットボールを楽しんでいた。茶樹を抜いて土がむき出しになった地面にネットが建っているだけの簡素なコートに過ぎないが、少年たちは声をかけあい、嬉しそうにボールゲームをしていた。かつて、国際金融機関の報告書の中に、「多くのワーカーはアメニティの施設がほとんどない農園で生活している」と、このようなことも農園社会が解決すべき問題であると言及されていた。今は、会社は農園の青年のためのアメニティ設備を提供するようになったようだ。立派な設備でなくても、彼らは幼い頃からの仲間と一緒にスポーツを楽しめる環境に暮らすのは安心感があるだろうと思う。《参照　カラー写真5・13》

一方、ノーウッドでは、極近年にワーカーがトラストを通じて農園に建てるようになった家の中には、浴室の床はタイル張りで、電気も水道も屋内に引かれている家もあるそうだ。テレビや電話を持っている家庭も多くなってきた。農園でそのようなライフ・スタイルを得ることができるようになった人々は農園での生活に満足しているそうだ。

農園会社の農園に住んで働いていれば、基礎的レベルであるかもしれないが、まさに「ゆりかご」から「お墓」まで、会社が面倒をみてくれるようになった。このような変化が起きているということは、それほど農園タミル人は会社にとって必要な人材だといえよう。

そして、当然なことだが、農園で働くことを希望する農園の青年もいる。ノーウッドから茶畑だけが続いている道を南東に行ったボガワンタラワにあるL農園内の初等学校の教師のK先生によれば、彼の学校の生徒の五〇パーセントは農園で働くことを選択するそうだ。農園で働けばEPFの対象になれることが大きな理由のようだ。K先生は農園ワーカー家庭の出身であるが、農園の外の世界で働いた経験がある。K先生は、「農園で働いている人から給料が少ないという不平の声を時々聞きます。しかし、家や米などは無料で与えられているか、または非常に安価で与えられています。不平ばかりでなく、自分たちは優遇されている面もあるということをきちんと認識することも必要だと思うのです」と別の角度から、現実に即した客観的な意見であった。

今日、農園マネージャーはワーカーに友好的で、両者の関係性は協力的で良好になっているといわれている。農園のスタッフは、一九六〇年以降は全員がシンハラ人であったが、今はシンハラ人とタミル人が半々になっている。ノーウッドの農園に住んでいる元ワーカーの家庭の息子は工場のオフィサーになりたいので、その機会を待っていると話してくれた。以前の農園では、子どもは親の仕事をそのまま継ぐことしかできなかったが、今は他の職種にチャレンジすることができるようになっている。つまり、農園の仕事はやる気があって努力すれば、報われるような環境が整えられるようになったようだ。

⑷「フェアトレード」の認証

アジア開発銀行二〇〇二年事業の中には、例えば、ＯＸＦＡＭなどの紅茶フェアトレードを組み込む事業についても記述されていた。この事業は、「農園会社」と「農園ワーカー」と「フェアトレード」の三者を連携させて、農園会社が確実に農園ワーカーの労働生活環境を向上させていくことを促すことを目的にしている。つまり、農園会社は将来にわたって市場を確保することに繋がるが、その一方で会社には労働者の生活労働環境の整備を実行することを強要する。農園ワーカーにとっては、会社の責任で社会福祉の向上が確保される。他方、フェアトレードのＮＧＯは農園関係者に社会活動を実施するように促すことになる。

アップコットのA農園を訪ねたのは、この報告書からちょうど十年後であった。A農園はフェアトレード財団の認証を受けていて、マネージャーは二〇一一年九月二十三日に取得した「FLO―CERTの認証書」を私に見せてくれた。この認証書は三年ごとに更新される。すでに農園会社の一〇パーセントから一五パーセントの農園がこの認証書を保有しているそうだ。フェアトレードの認証を受ける対象になっている労働生活環境の向上とは、水の供給、社会福祉、衛生状況、生活環境、医療設備などだそうだ。

二〇一二年にボガワンタラワのL農園を訪れた時に、農園敷地内の道沿いに建っている小さな小屋の板壁に、ペンキで大きく描かれた綺麗なブルーと緑の模様のフェアトレード・インターナショナルのマークを発見した。まるで、「この農園はフェアトレードの認証を受けていますよ！」と宣伝しているように見えた。

ヨーロッパ諸国ではフェアトレードの認証書がある紅茶を買う人が多いと聞く。スリランカの紅茶部門では、一キログラムの紅茶につき一ドルがワーカーの福利厚生費として利用されるそうだ。どのように、何に使われるかはワーカー自身が決めて、ワーカーが活動を主導する。一方、マネージャーはワーカーの活動を支援するという仕組みだ。経理処理の書類にはマネージャーとワーカーとスタッフの三名が合同で署名するので、経理書類は、「確かにワーカーの労働生活環境の改善は実行されています」という証明書になるそうだ。フェアトレードがスリランカの紅茶農園ワーカーの福利厚生を確実に支援するシステムとして機能するかは、まだ始まったばかりでわからないが、期待できると思った。

さて、私の手元に『フェアトレードのおかしな真実　僕は本当に良いビジネスを探す旅に出た』（英治出版株式会社　二〇一三）と題されている訳本がある。著者のコーナー・ウッドマン氏は英国のTVキャスター、ジャーナリストで、原文は二〇一一年に出版されている。本書の中に、「エコに熱心――イギリス」の章でフェアトレード財団について記されている。その要約をアトランダムに記してみる。

英国では近年は倫理的消費主義という考えが広まり、消費者の七五パーセントがそうしたブランドのロゴを知っている。しかし、その英国においても実際にロゴ・マークがついている商品、例えば、コーヒーは二〇〇九年時点で全商品の五パーセントに過ぎない。そのため活動を広める戦略が必要の段階にある。一方、消費者はフェアトレードのマークのついた製品を買うことで、例えば、途上国の村につくられた新しい校舎や井戸、笑顔の農家に関わったと良い気分になれる。しかし、倫理性を気にかけている消費者でも、本心では劣っている商品や知名度の低い商品は買いたくないと思っている。消費者は自分で実態を調べようとせずにロゴ・マークで「理想」を買っているようなものだ。また、フェアトレード財団という大きな組織を運営するための経費は、時には生産国の村の協同組合の管理などの間接費も含まれたりして、大きい。財団は収益の半分近くを自社ブランドの宣伝広告に当てている。これらは全て倫理的消費活動のための必要経費であるが、そのために実際に生産に携わっている農家や農民に最終的に支払われる額は低くなる。

その一方、フェアトレード財団が大企業と草の根レベルの貿易の両方に、倫理的消費という問題意識の向上に大きな貢献を果たしてきたことは賞賛に値する。しかし、今日、財団は何百もの大手多国籍企業を相手にしているため、現実的に、財団は消費者に、途上国の生産者と彼らの生活を本当に保障することができるのか、という疑問がある。


著者は、倫理的認証運動には矛盾も多く含まれていて、倫理的認証組織の本当の役割が見えないと、「真実はどこにあるか」と疑問を発しているのである。

スリランカの紅茶の場合は、価格は国際市場やオークションなどで決められる。また、ワーカーの日賃は労働組合と農園会社の間で隔年に行われる集団交渉で決められる。そのため、これらの問題に外部者の影響は及ばない。民間農園会社がフェアトレードの認証を受けるということは、ワーカーの労働生活環境を改善させて、彼らの尊厳を向上させることを、紅茶産業部門の人々に、さらに広く世界の人々に、公約したことになるといえよう。

二〇一三年十一月二日の讀賣新聞朝刊の読者の投書欄である「気流」に、「途上国支援「フェアトレード」」というタイトルで、五十二歳の日本人男性読者からの投書が掲載されていた。「コーヒー豆を購入しようとしてインターネットで初めて「フェアトレード」を知った。その印をつけているコーヒーを飲み、途上国の立場の弱い生産者の生活を支えられるとしたらうれしい。これからはその印をつけている商品をできるだけ購入していこうと思った」。日本でもフェアトレードの印がついている商品を通じて、途上国の人々の生活や労働環境などをより身近に感じる人が増えていくと推察する。

二〇〇三年に会ったＯＸＦＡＭスリランカの女性問題担当者は、「農園タミル人の問題はスリランカ社会の中で広く認識される必要があります。そのために、彼らを社会の中で目に見えるようにし、彼らに声を上げさせることが重要なのです」と話してくれた。農園会社がフェアトレード財団の認証書を取得することで、農園ワーカーの問題がスリランカ社会で、さらには世界レベルで、多くの人に知ってもらえる可能性が広がったと考える。しかし、ウッドマン氏が提示しているように、財団にまかせるだけでなく、消費者自身も細かな情報を集めたり、多方面からの見聞を広めたり、できれば実際に訪ねて、フェアトレードの目的が達成されているかに関心を深めることも時には必要なのかもしれない。

⑸ 新しい農業ビジネスに向って

今まで述べてきたように、農園会社とマネージャーたちは、紅茶産業が発展していくために絶対必要な農園ワーカーを引き止めるための努力をしているといえよう。同時に、従来の農園経営のままではなく、新しい農業経営を模索しようとする動きも出てきている。

先のマドゥルーケレのF農園のマネージャーによれば、彼の会社は将来、農園で多品種の農産物を栽培することを検討しているそうだ。例えば、ゴムの木は海抜九百メートルまでの土地に育つので、二〇一三年頃に二十五エーカーの土地にゴムの木を植える計画がある。ゴム農園の場合は仕事量が少ないので、紅茶農園に比べると維持管理が簡単で、またワーカーの人数も少なくてすむため、経費も維持管理のための労力も紅茶よりずっと低くてすむ。さらに、ゴムは世界市場で需要は高いと考えられているので経済的優位性もある。

ゴム栽培がスリランカに導入されたのは一八七七年だが、早くも一八八〇年代にはイギリス人農園主と地元民によって商業ベースでの生産が始められた。必要な投資金は少なく、栽培は簡単で安価であるため、小規模な土地を所有していればゴム生産を始めることができた。そのため、ゴム栽培はヨーロッパ人ではなく、地元民の農園経営者が大きな割合を占めるようになり、一九一〇年頃には地元の小規模な生産者が栽培面積の五分の一を占めるまでになったといわれている。自動車産業が発展して世界のゴム需要は高まり、それに伴って価格も上昇してゴム農園の開発は急速に発展していった。ティンカーによれば、「スリランカは一九〇〇年にプランテーション・ゴムの輸出国として世界第一位になった」という輝かしい実績をもっている。これからも自動車の需要は高まり、ゴム需要は伸展するでしょう。ゴム栽培は農園会社の経営を支える支柱になることが期待される。

その一方、ヌワラエリヤ地区のA農園ではシナモンの栽培が始められていた。シナモンは前にも記したように、スリランカがかつて世界一の生産量を誇っていた農産品である。シナモンは植樹してから実がなるには一年から二年かかるそうだ。ナーワラピティヤからハットンに向う途中のワタワラ付近の道路沿いには大企業であるC農園会社の茶畑が広がっているが、その茶畑の一角にシナモンの木が栽培されていた。高地ではいくつかの農園でも植えられているシナモンの木を観察した。しかし、どこも、まだ試験的というように農園の一角に植えられているにすぎないようである。しかし、確実に紅茶という単一作物だけでなく、多様な作物を栽培しようとするチャレンジが始められたようだ。


紅茶農園のマネージャーは態度や話し方からも良い家柄の出身であると思われる。彼らはバンガローに住み、運転手付きの高級車に乗り、農園の全ての人に畏敬されている存在だ。多くのマネージャーは体格が立派で、姿勢が良く堂々としている。彼らと話しをする時には私も一生懸命に背筋を伸ばして、良い姿勢であるように心がける。《参照　カラー写真5・14》

私ごとだが、フィールド調査のため、主に地元の古くからの知人友人の紹介でおよそ二十名のマネージャーとお会いした。どのマネージャーも快く協力してくれて好意的であった。お陰で、農園内で自由に、どんな立場の人とでも話をすることができた。マネージャーともいろいろな話をした。時には答えにくいであろうと思うような私の質問に対しても、彼らは静かに考えながら、ひとつひとつに丁寧に答えてくれた。若い副マネージャーは広い茶園をオートバイで走り回ってワーカーを監視しているが、彼らが颯爽と乗りまわしているのは「スズキ」や「ホンダ」の大きくて立派なオートバイだ。道路などで出会うと、「これは日本製ですよ!」とにこやかに、嬉しそうに話しかけてくれる。スリランカの多くの人が親日家であることは確かだ。以前から日本から大きな援助が供与されていること、JICAの青年海外協力隊の若い隊員たちが農園コミュニティで誠実に熱心に活動していること、また日本が中心になっているアジア開発銀行や、国際協力銀行が紅茶産業発展のための支援を行なっていること、などもよく知られていることが背景にあり、とてもありがたかった。

さて、農園では全てのことにマネージャーの許可が必要であり、彼は絶対的権力をもっている。農園ワーカーの生活はマネージャーの手の中にあって、労働生活環境を改善できるかはマネージャーにかかっているといわれている。二〇〇二年に農園で社会開発を担当していたケア・スリランカの女性スタッフは、「マネージャーがワーカーを尊重し、ワーカーに関心を持ち、ワーカーに便益をもたらすように促しています。紅茶産業がこれからの十年以内に危機的状況になるか、ならないかは、マネージャーにかかっています」と語っていた。

あの時から十数年の時が過ぎて、紅茶産業は安泰といえる状態ではないまでも危機的状況は脱出したと推察する。政府や外部からの支援もあったが、現場でワーカーと日々接しているマネージャーの努力と苦労があったことで、苦境を乗り越えた部分は多いのではと想像する。そして、今、多くは三十代後半から四十代のマネージャーや副マネージャーは、以前には想像したことなど無いほどの厳しい環境の中にいることを痛感しているように感じられる。若きエリートたちは試練の渦中に置かれているように思える。

先のマドゥルーケレのF農園のマネージャーは、「私は十八年前にプランテーションの世界に入りましたが、入った時と現在の状況は全く違います。会社に入った時、このような困難な状況になることなど全く考えもしませんでした。今は非常に厳しい仕事になりました」。しかし、彼は凛として、「私はワーカーのライン・ハウスを訪ねますが、お茶を一緒に飲んだりはしません。彼らに近づき過ぎたり、親しくなることは、このコミュニティでビジネスを経営していく上でふさわしくないのです。親しくなりすぎないことも大切なのです。そのため、マネージャーはいつも孤独で、孤立した立場にいます。そうであることが求められる職業でもあるのです。家族はキャンディに住んでいて、週末だけ農園に来ます。仕事を終えてバンガローに帰ってきても温かく迎えてくれて、楽しく話をする人は誰もいないのです。マネージャーは仕事場でも住まいでも、二十四時間孤独で孤立した存在なのです」。

一方、高地アップコットのマネージャーは、紅茶産業をかつてのようにスリランカ第一の産業に発展させていくと強い調子で語った。「化学肥料などは非常に厳しい基準で行なっているので、スリランカの紅茶ビジネスは将来的に発展していくと確信しています。現在、有機栽培の紅茶を生産している農場はいくつかあります。将来は世界規模で、有機栽培紅茶の市場は拡大していくでしょう。鍵となるヴィジョンは持続可能な産業であることです。現在は農園の仕事の九〇パーセントは手作業です。将来的には農園の仕事をできるだけ機械化することと、農園で働く人が尊厳を持てるようにすることが重要です。例えば、機械化できれば農園ワーカーは労働者ではなく、オペレーターになります。福利厚生を改善して農園の生活を良い環境にして、子どもたちがこの産業から出ていかないように考えています。農園の将来を描いた戦略をたてて、一歩、一歩ずつでも、実行していくつもりです」。

そして、彼は普段はスポーツシャツにスラックス姿だが、ワーカーと接する時にはサロンを着るそうだ。サロンはスリランカ人男性の昔からの一般的衣服で、腰から足首まで巻いている一枚の布だ。「サロンは伝統的な衣服で、宗教の祭りとか、寺や教会などに行く時に着ます。私も農園の祭に行く時にサロンを着ます。それによって、私はあなたたちと同じです、という意思表示になります」。ワーカーとの信頼関係を築くために努力していることが窺われた。

彼らのような若い人材によって、紅茶だけでなく他の様々な生産物も栽培して、スリランカの新しい農業ビジネスの世界が開かれていくことを期待したいと思う。

6　しなやかに前進している女性たち

(1) かつて、三重苦の下におかれていた農園の女性

ここでは農園の女性に焦点を当てて記したい。スリランカ紅茶は他の国が匹敵できないほど上品で、高い品質であると評価されている。それは女性たちの優しい手仕事によって摘まれた柔らかい茶葉が、オーソドック製造で仕上げられていることによる。つまり、強調したいのは、農園の女性たちがスリランカ紅茶の高い品質を支えているといえることだ。

紅茶の製造方法は大きくオーソドックス製造とＣＴＣ製造の二つがある。ＣＴＣ製造は一九三〇年代に考案された揉捻機のＣＴＣ機という機械を用いる方法で、ＣＴＣは〝ＣＲＵＳＨ〟(砕く、押しつぶす)、〝ＴＥＡＲ〟(引きちぎる)、〝ＣＵＲＬ〟(丸める)の三つの頭文字である。茶の茎や、少し硬い葉が多少混ざっていても、ＣＴＣ機で加工するので大きな影響はないといわれている。小さな顆粒状になった葉により短時間で紅茶が作られるので、ティーバッグの原料に使用されることが多く、ティーバッグの需要が増加したことで普及し、現在では紅茶生産量の半分を占めているともいわれている。

一方のオーソドックス製造は生葉に含まれている水分を取り除き、茶葉に撚れを与えながら

《表6・1》スリランカの紅茶生産の分類：2012 年、2013 年

分類	2012 年		2013 年	
	量 (Mn Kg)	割合 (%)	量 (Mn Kg)	割合 (%)
伝統的製法	302.1	92	314.1	92
C.T.C. 製法	23.3	7	22.4	7
緑茶	3	1	3.7	1
合計	328.4	100	340.2	100

（源出所）Sri Lanka Tea Board
（出所） Ministry of Plantation Industries - Annual Performance Report 2013, Table 3.1 p.20. SRILANKATEABOARD

酸化発酵を促し、乾燥させるという従来の製造方法である。スリランカではオーソドックス製造が二〇一二年、二〇一三年においても九二パーセントと殆どだ。世界レベルでもオーソドックス製造による紅茶生産はスリランカが二九パーセントを占めていて、世界一位である（二〇一二年）。（CBI Market Information Database, www.cbi.eu）プラッカーは各自が持っている長い竹の棒を茶の木の上に置いて、棒から出ている新しい一芯二葉だけを摘み取る。爪などで葉に傷をつけてしまうと、直ぐに醗酵が始まってしまうために、丁寧に下から摘み取る神経のいる仕事である。《参照　カラー写真6・1》数枚の葉を手に持ち、腰を伸ばし、腕を伸ばして、背中の籠に入れるという作業をひたすら繰り返す、厳しい仕事である。《参照　カラー写真6・2》

紅茶農園では女性は重要な働き手であると認識されている。それにもかかわらず、女性ワーカーの扱いは厳しく、彼女たちの仕事は過酷だ。強い日差しの下で、または雨の中で、男性カンガーニの監視の下で緊張を強いられながら、水も飲まずに同じ単純な動作を繰り返す、終わりのない仕事である。

国連のＩＬＯは一九八二年に農園で働く女性について調査研究を行い、彼女らの平等な権利と機会を達成するためのガイドラインを作成することを決定した。そしてＩＬＯの女性・労働・開発シリーズの一部として、クリアン女史はスリランカの五十五の農園で三五二人の女性を対象に、三ヶ月の聞き取り調査を行い報告書に纏めている（Kurian 1982 邦訳）。その冒頭には次のように書かれている。「まず、第一に、女性たちの労働の性格と彼女らの日常生活について、鮮明な印象を伝えることが重要である。多くの女性たちが耐えている、単調で、空虚で、未来のない生活を、できるだけ明確に描き出すことが重要である。——女性たちの運命について少なくとも雰囲気だけでも感じさせることができればと願うものである」。クリアンは農園女性の実情を外部の人に知ってほしいと痛切に願っていたように思う。

ケア・スリランカのキャンディ事務所のＭ女史については本書で何度か記したが、彼女は農園のジェンダー問題の研究者で二〇〇二年に農園タミル人女性の問題について小論に纏めている。その中で彼女は、農園でのジェンダーの考えは、女性の特徴を女性の本質的な属性として捉えていると批判している。「女性は従属的であり、依存的であり、そしてリーダーシップの力が無く、主導性がなく、受身で、従順で、弱い性の存在である。そのために男性の管理と保護が必要なのである。これらの考えは民話や伝統的な文学、また言説や儀礼の中の話、そして習慣の中で表明されている」。（Ｍ女史 2002, unpublished）

このような考えによって、例えば、女性の行動は非常に制限されていて、社会活動や社会との接触も殆ど無く、彼女たちの日常生活は閉ざされていた。家計のお金は男性が管理していて買物は男性がする。女性が稼いだお金も父親や夫が管理していて、女性は意見を言うこともできない。女性が劣等な地位に置かれていることの結果のひとつとして、彼女たちは家庭においても労働の現場においても、容易に暴力の対象になっていた。ジェンダー不平等の慣行は伝統的文化の問題として、コミュニティの中で是認されてきた部分が多いといわれていた。女性の教育は重要でないと考えられていたため、女性には変革をもたらす可能性はほとんどなかった。

このようなジェンダー不平等な考えを正当化している要因のひとつは、農園タミル人コミュニティ内部で維持されている南インド農村部の伝統的な社会文化規範や因習が人々の考え方や行動を制約していることによる、といわれていた。

仕事に関しては、女性は摘む葉の量と労働時間の二重の労働規定がある。摘む葉の量のノルマは、例えば、二〇〇〇年代初期は午前と午後にそれぞれ十キロであったが、近年は会社によって異なるようだが、七キロ、または八キロずつといわれている。例えば、七キロの米袋を額に当てた紐で支えて背負い、丘を上り下りすることを想像してみてください。私はおよそ十キロの葉が入った竹籠の紐を額に当てて籠を背負ってみたが、一歩も歩けず、数秒しか我慢できなかった。籠を背負わせてくれたプラッカーは、「籠の中の葉がどの位の量かいうことは体で感じてわかります」と話してくれた。

女性は午前と午後に摘んだ葉を規定の集荷場に、規定の時間までに運ばなければならない。

特に雨で道が濡れているような状況で、集荷時間に間に合うように額の紐を手で押さて重い荷を支えながら、滑らないように必死に小走りで急いでいる彼女たちの表情は真剣だ。農園部門の女性は栄養不良、また偏った栄養摂取のため貧血症の人が多いといわれている。そのような女性たちが週に五日から六日、十六歳から五十五歳まで（極近年は、会社によって定年は五十歳になった）、同じ労働を繰り返している。上記のように一九八四年に男女同一賃金になり、また一九八〇年代になると特に女子の教育に対する環境も考え方も改善されて、女子の就学率は飛躍的に伸びた。しかし、それでも尚、女性は家庭と農園タミル人コミュニティ、そして労働現場の三重の厳しい状況に置かれてきた。《参照　カラー写真6・3》

⑵ 農園コミュニティの画期的変化＝女性がリーダーとして活躍

女性のカンガーニ

農園では管理層は全員が男性だったが、二〇〇三年夏に訪ねたマスケリヤの農園会社の事務所のチーフ・クラークは女性だった。八名の若い男女の事務員を管理する立場にいた彼女はシンハラ人で、私が農園コミュニティで出会った最初の女性管理職員であった。彼女によれば、二〇〇〇年代初め頃から女性も管理職に採用されるようになったそうだ。

先に触れたように私は高地の農園地域を訪ねる時、多くの場合、茶畑に囲まれているバンガローに宿泊する。二〇一二年八月三日八時三十分に私はそのバンガローの入口近くの茶畑の一隅で、プラッカーが朝の祈りをしているところを通りかかった。男性スタッフが茶の木の根元に、プラッカーが使用する茶の枝を切る小刀を全員の分をきちんと並べ、その脇に果物や花、棒状の香を供え、蝋燭を立てた。すると、少し年嵩の女性が進み出て蝋燭に火を灯した。他の女性たちは彼女を中心に半楕円形に整列して一緒に祈りを奉げた。その後、女性たちは額に赤い印をつけあった。この祈りは、「プージャ」というヒンデゥー教の神に供物を奉げる女性の行事だそうだ。毎月、仕事の初日の朝に、仕事を始める前に皆が揃って行なう儀式で、供物は女性ワーカー自身が準備をするそうだ。八月は一日と二日が満月の祭り（ポーヤデー）で休日であったため、三日が八月の仕事始めの日となり、プージャが行なわれたのであった。

列の前に出て祈りをささげた女性はカンガーニだと知った。ジェンダー不平等が顕著であった農園コミュニティで、女性がカンガーニという、いわばリーダーになれるなどということを私は想像したことが無かったので、心底驚いた。彼女は腰帯に小刀を差し挟み、背筋をピンと伸ばして、前をしっかりと見据えながら茶畑の道を歩いていた。《参照　カラー写真6・4》その姿は堂々としていて、自分は責任者であるという威厳さえも感じさせるような雰囲気があった。その場にいたフィールド・オフィサーによると、最近、会社は女性のカンガーニを採用するようになったが、彼の知っている限りでは彼女ひとりである、という話であった。

その場には十八名のプラッカーがいた。三十二歳と二十六歳の二人のプラッカーはそれぞれ四人の子どもがいると話してくれた。また、二十八歳のプラッカーは三人いるという。長い間私が感じていた、どこか臆するような眼差《まなざ》しのプラッカーや、厳しい顔つきをしているプラッカーは、そこには一人もいなかった。明るく元気そうな笑顔で、互いに競うように、おもしろそうに私の額にも赤い印をつけてくれた。近年の農園コミュニティに起きてきた変化を実感していたが、この日、女性がカンガーニとして働くようになったという事実を知って、衝撃さえ受けた。このような機会に出会えてラッキーであった。この茶畑は一八六九年に設立され、一九九二年に有限会社になった大きなB農園会社の所有である。

翌年に同地を再訪した時に、バンガローのボーイさんに前の年に写した女性カンガーニの写真を見せて、この女性に会いたいと話すと、バンガローで門番をしている青年が彼女に連絡を取ってくれることになった。お陰で、翌朝に彼女は仕事に出かける前の朝早くに、バンガローに私に会いにきてくれた。水色の涼しげなサリーを着た彼女は柔らかな雰囲気で、凛として仕事をしていたカンガーニ姿とは別の人のようだった。バンガローのマネージャーが親切に通訳をしてくれたお陰で、いろいろと話を聞かせてもらうことができた。

彼女は五十歳で、二十二歳の時にプラッカーとして働き始めた。結婚した時、夫は農園ワーカーだったが、今はハットンにある海外のNGO事務所でコックとして働いている。彼女は四年前までプラッカーだったが、農園会社のマネージャーが彼女をカンガーニに選んだそうだ。昨今、男性スタッフは女性ワーカーを管理する方法を知らないので、すぐに怒鳴ったり、大声で叱責する。そのため若い女性は男性カンガーニの下で働くことを嫌い、プラッカーのなり手が少なくなり、プラッカーが不足するようになった。会社はそのため徐徐に女性のカンガーニを任命するようになったそうだ。彼女は訓練を受けた後でカンガーニになり、今は四十名ほどのプラッカーを管理しているそうで、仕事は神経を使い、きつい仕事だと思っている。それなのに、男性と女性のカンガーニの賃金に差があり、彼女の日賃は六百ルピーだけで、女性だからという特典はない。プラッカーは基本給のほかに、沢山の葉を摘んで収入を増やすことができるが、カンガーニは決まった日賃だけなので不満に思う。しかし、将来はフィールド・オフィサーに昇進できる可能性はあると思っている、と話してくれた。

彼女が茶畑でどのようにプラッカーを監督しているのか、その様子を見たいと思い、茶摘仕事が始まった八時半過ぎに茶畑を探しまわった。丘になっている茶畑は下の道路から見上げると、傾斜はそれほどきついように思わなかった。しかし、茶畑の道を実際に登ってみると、坂道の勾配は相当にキツかった。そのうえ、熱帯地方の激しい雨が坂道の土砂を流してしまうためか、大きな石がたくさん突き出ていて、荒い砂地のようなざくざくした道だ。暑い日差しの中で私は段々に息切れがしてきてしまい、残念ながら途中で断念した。結局、彼女の茶摘みグループの姿を見つけることはできなかった。

私はフィールド調査をする時はほとんどの場合、昔からの知り合いの農園出身の女性の誰かに同行してもらう。その時は二十年来の知り合いのMさんと一緒に茶畑をうろうろした。見慣れない二人の女性の不審な行動を見ていたのか、ワーカー居住地のところから初老の男性が話しかけてきた。B農園会社で三十年間スーパーバイザーとして働き、二年半前に退職して現在は年金暮らしをしているS氏であった。彼の家に招かれて話を聞くことができた。S氏によれば、男性カンガーニは仕事に厳しく、例えば、プラッカーが集合時間に十分でも遅れてくると仕事を与えなかったり、厳しく叱ったりする。男性は大声をあげて強く叱責するので、プラッカーと言い争いになってしまい、警察署まで行くようなケースも起きていたそうだ。そのため、女性がカンガーニとして採用されるような動きになり、そのお陰でプラッカーの管理が柔らかくなった、という最近の農園の変化を教えてくれた。

S氏は若い頃に会社の指示で賃金をもらいながら一年半の間、英語の訓練を受けたそうで、きちんとした英語を話した。当時は農園にマネージャーはいなかったため、スーパーバイザーであった彼が労働管理記録や日誌を書かなければならず、そのために英語教育を受けたそうだ。彼の住まいは二軒長屋の一つを改築した家で、家の一角は小さな雑貨店になっていた。農園ワーカーであったS氏は、今は安定した経済生活を確保して、眼下に広がる茶畑と山並みが美しい風景と澄んだ空気の中で、妻と娘たちとのんびりと穏やかに暮らしている様子が窺われた。丘の下の公道からは見えなくなったが、茶畑の一隅の元ワーカーであった人の生活を垣間見て、彼らの現在の境遇に印象深い思いがした。

農園コミュニティで女性がカンガーニに昇進するということが実際に起きるようになったのだ。若い女性のプラッカーのなり手が減ってきたという問題を解決するために考え出されたことによるようだ。プランテーション経済が始まって以来の大きな変化が生じるようになったともいえよう。このような大きな変化の背景には、農園の女性は自分の意見を述べず、男性に従順であるべきとする伝統的社会規範が揺らぎはじめ、女性たちはカンガーニに対してもはっきりと自分の意見を述べるようになったことがあると推測する。そのような結果、女性がリーダーに採用されるようになり、プラッカーたちが働き易い職場に改善されるようになった。前年に茶畑の朝の祈りの場でプラッカーたちと話をした時、皆、穏やかで明るかったことを考えると、良い効果があると思う。

序文で、ルシーアが十数年前にマドゥルーケレの農園学校で開催された「国連女性の年」記念式典で、「これからは、女性は自分たちの意見を発言し……」とスピーチしたことについて記した。彼女のスピーチのように、若い世代が成長して、より良い社会へと少しづつ変化させるようになっているように思われた。

女性のスーパーバイザー

そして、二〇一三年十一月にキャンディ地区マドゥルーケレの農園地帯の道で出会った光景にはもっと驚いた。道路脇の大きな木の下は茶葉の集荷場になっていて、午前の仕事を終えた十数名ほどのプラッカーたちが集まっていた。男性スタッフが葉を秤に掛けると、にこやかな雰囲気の、すらりとした女性が秤の目盛りを見てプラッカーの手帳に葉の量を記入していた。昔からの知り合いの男性が彼女の側にいたので、「彼女は誰、カンガーニ？」と訊ねると、彼は口を尖らせるようにして、「いや、ずっと上の地位のスーパーバイザーだ」と教えてくれた。ただし、彼女はシンハラ人であった。《参照　カラー写真6・5》

彼女は前ボタンの黒いシャツに、濃いグレーの踝まである長いスカートというスリランカでは珍しい黒色系のシンプルな洋装で、ウェーブのある長い黒髪を無造作に両肩にたらしたままにしていた。プラッカーたちの、色は褪せているが紫や青など鮮やかな色の半袖ブラウスに対して、スーパーバイザーの黒っぽい洋装姿は対照的であった。彼女がワーカーとの違いを意識しているのかどうかはわからないが、いくらか褐色の肌で、彫りの深いチャーミングな美人の姿は目だっていた。数名の男性のカンガーニやスタッフに囲まれた中で、穏やかに微笑みながら、しかし、堂々として速やかに仕事をこなしていた。昔から変わらない茶畑だけが広がっている緑色の農園地帯の中で、ここでもまた、今まで見たこともないような不思議な光景を目のあたりにして、またもや衝撃を受けた。仕事が終わってから彼女と少し話をした。二人の子どもがいる四十五歳のMさんで、近くの村に住んでいるそうだ。一年前にカンガーニとして働き始め、六ヶ月前にスーパーバイザーになった。この地域には五、六名の女性カンガーニがいて、同じ農園には彼女の他にもう一人女性スーパーバイザーがいるそうだ。

二〇一四年十二月時点で、周辺の農園に数名の女性スーパーバイザーがいるそうだ。

「農園ではカンガーニがタミル人のリーダーであるはずなのに、最近は規律を守ることができない人が多くなっている」というような声をノーウッドの町で聞いた。そのようなことも、近年の大きな変化の背景のひとつなのかもしれない。いずれにしても、かつてＩＬＯのクリアンは、「農園の女性の単調で空虚で未来のない生活」と記していたが、今や、女性はカンガーニに、さらにスーパーバイザーというリーダーに昇進できる道が開かれてきたようだ。紅茶のふる里では女性の活動が評価され、活躍が期待されるようになった。

(3) 働く女性の身になって工夫されるようになった装備

リュックサック型の背負い袋

高地の農園地域で茶摘仕事を終えて家路に戻る五、六人のプラッカーが車道を歩いているのに出会った。彼女たちが背負っていたのは黄色のプラスチック製の四角い籠であった。私たちがスーパーマーケットで買い物する時に使う網状の四角いバスケットと素材は同じだ。まっ黄色の化学製品の角型のバスケットは緑色の樹木と山並みだけの優しい自然の中で浮きたって見えた。かっちりしたプラスチック製の籠は摘んだ葉を入れれば重くなって女性の肩や背中に当たり、背負っている女性は痛いのではと思う。アジア開発銀行二〇〇二年事業の中で、プラッカーの籠を改善することを推奨していた。二〇〇三年に当事業のコンサルタントと話をした時に彼が見せてくれた、試作中だというプラスティック製の籠の写真を思い出した。試行錯誤の途上のひとつなのかもしれない。しかし、布やビニール製の袋よりも扱いにくく、改善というよりも、かえってプラッカーに疲れを強いるのではないだろうか。見た目は綺麗な籠だが、使う人の身になって考えられていないようだと思った。《参照　カラー写真6・6》

そして、翌年の二〇一三年に高地の農園地域で、布製の大きめのリュックサックを改良した様な袋を背負っている若いプラッカーに出会った。布製の袋は女性の肩や背中に沿って優しい感触でしょうし、温かみも感じると思う。薄いベージュ色と紺色のリュックサックを背負って、背中を真っ直ぐにして歩いている彼女の姿はどこか格好良く見えた。さらに、その数日後に茶畑で働いているプラッカーのリュックサック型の背負い袋は、茶葉を入れる口の後ろの部分に楕円形の布製の覆いが垂直に立っていた。プラッカーが摘んだ葉を、腕を曲げて背中の袋に入れやすくデザインされているように見えた。高地の他の農園では、ナップザックに使われているような素材で作られているリュックサック型袋を背負って働いているプラッカーを見かけた。軽くて扱い易いように見えた。

初めて布製リュックサックの茶摘み女性用バージョンを見た時、やっと働く女性の身になって工夫され、考案された袋のような気がして、なんとなく感激した。農園会社によって異なるようなので、新しい工夫についてそれぞれの農園会社から話を聞きたかった。しかし、会社の偉い方と紹介無しに面会するのはほとんど不可能なため、調べることができなかったので残念に思っている。

その数日後、現地の知人を訪ねると、彼はタミル語新聞に載っている写真をみせてくれた。二〇一三年十一月二四日のタミル語の週間新聞"VIRAKESARI"には、イギリスのチャールズ皇太子の誕生祝いがヌアラエリヤのL農園で行なわれた時の写真が掲載されていた。新聞記事によると、皇太子の誕生日は十一月十四日だが、コロンボで開催されたイギリス・コモンウェールズの会合に出席された皇太子がヌワラエリヤを訪問されたので、誕生日を祝ったそうだ。新聞の写真を私のカメラで写したので、ぼやけて見えにくくて、すみません。茶畑の真ん中で白いスーツ姿の皇太子は大きなバースデー・ケーキを前に微笑えまれているようだが、少し照れているような様子も感じられる。《参照　カラー写真6・7》

そして、同じ紙面に、綺麗なサリーを着た三人のプラッカーが茶畑で働いている姿の写真が載っている。皇太子をお迎えしての特別なイベントのためと推察するが、サリー姿での茶摘みにプラッカーたちが困惑しているように見える。しかし、この写真で私が注目したのは、彼女たちは新しい型の背負い袋を額の紐だけでなく、腰のところに締めているベルトでも支えるようにデザインされている点だ。《参照　カラー写真6・8》

別のタミル語の週間新聞 "SOOVIYAKANTHI"（二〇一三年十一月十三日）には、野球帽のようなキャップを被り、ポロシャツのような上着を着たプラッカーとカンガーニが茶畑で仕事をしている写真が載っていた。茶摘みの仕事場の雰囲気に若々しさが感じられた。さらに、プラッカーが背負っているのは軽い素材で作られているリュックサック型袋で、しかも大きな覆いと一体になっていて、両肩のベルトで背負っている。これなら、腕を肩に廻して摘んだ茶葉を袋に入れるのに少しは楽なのではと思う。《参照　カラー写真6・9》

女性が七キロから十キロという重たい茶葉が入った袋（籠）を額の紐だけで支えて、広い茶畑を動き回るはとてもきつい労働だ。両肩で担う方法でも、腰のベルトで支える方法でも、茶葉の重さが額の紐と分散されて、頭や首の負担が軽くなるでしょう。

先のアップコットのマネージャーは、「将来は、子どもたちが憧れるような服装で作業するようにします。例えば、靴を履いて、Tシャツか制服を着て、帽子を被る、などです。新しいバスケットも工夫します。福利厚生などを改善して農園の生活をより良い環境にします。このようなことを通じて、農園ワーカーは尊厳を持つことができるでしょう」と語っていた。新聞の写真のプラッカーたちの服装はまさに、ちょうど一年前に彼が話していたことだ。靴を履いているかは写真ではわからないが、スポーツ・シャツのような服装のプラッカーは新鮮にみえる。彼のような考えは多くの農園社会の共通の認識になってきているようだ。

どちらにしても、働く人により近づいて、労働の厳しさを理解して、ワーカーが働き易い装備に、さらに、彼らが尊厳をもてるような労働環境に改善しようと、農園会社のマネージメントが努力していることが感じられる。

ゴム製シートの巻きスカート

茶畑の中をプラッカーのように歩いてみたことがある。茶の木が密に植えられている茶畑もあるし、まばらなところもあるが、そこの畑では茶の木が密集していた。木の高さは七十センチほどで、ちょうど私の足の大腿部ほどの高さに切り揃えられていた。茶の枝は非常に堅いというのではないが、しっかりとした枝で決してしなやかではない。外に向って伸びる枝は切り落としてある。そのような茶の木がびっしりと植わっている茶畑の中を歩くと、枝が足や腰にあたって痛かった。密集している茶の木の中を、体全体を使って枝と葉を掻き分けながら前に進むだけでも相当なエネルギーが要ることを実感した。

多くのプラッカーは堅い枝から身を守るために腰から足首近くまでシートなどを腰に巻いている。二〇一二年にノーウッドの路上で出会ったプラッカーたちがゴムのシートのようなものを腰に巻いているのに気づいた。黒や茶色などの薄手で柔らかそうだが、しっかりしているゴムのようだ。初めて見たものだったので、「農園会社が支給してくれるの?」と訊ねると、「これはシートです。会社は支給してくれないので、私は店で買います」と教えてくれた。これを着用していれば彼女たちは茶の木の間をスムーズに動けて、しかも枝などから体は防護されるし、外見も悪くない。彼女たちに相応しい仕事着のように思えた。《参照　カラー写真6・10》

今までの民族衣装のようなブラウスではなく、私が日常生活で着ているシャツのような上着を着て働いているプラッカーたちに会った。和やかに、仲間と楽しそうに茶摘みをしている彼女たちは、自然体で自分の仕事に励んでいる様子が窺われた。《参照　カラー写真0・4》

働く人の装備品は改良されるようになったが、より重要で必要なことは労働システムがもっと改良されて、女性の労働ができるだけ軽減するような工夫が望まれる。

(4) 自分の力で道を切り開こうとしている女性たち

農園の子どものために働く教育センター長

序文で紹介した三名の女性について改めて記したい。教育センターの所長になったルシーアは、会う度に活躍の場が広がっているようで、《カラー写真4》のように、彼女自身は貫禄がついて頼もしくなっている。

彼女が所長をしているセンターはCWCの「トンダマン基金」と、農園部門を管理管轄している省庁の援助で建てられ、運営されている。全て無料だそうだ。このようなセンターが当時、全国の四十八の農園にあり、五年前にはハットンとディンブラにトレーニング・カレッジが設立されて、センターの生徒はこのカレッジに入学することができる。

マドゥルーケレ農園地帯の真ん中にある大きなタミル語学校から、さらに五百メートルほど奥に行った道路沿いにあるので、農園に住んでいる青年にとって通い易い場所であろう。センターではコンピュータの六ヶ月のコースが年に二回、一期に三十名で行なわれている。その他の教育事業なども実施されている。例えば、二〇一二年度は、「アーユルーベーダー医療についてのキャンプ」、「生活スタイル　気付きプログラム」、「リーダーシップ　気付きプログラム

――リーダーシップとは？・リーダーシップの特性」などが開催された。「自己雇用事業のための研修」として石鹸造り・蝋燭造りの講習が五月に実施されて、二十名が参加した。さらに、眼科検診が五月に行なわれ、四九二名が参加した。眼科検診は、定期検診によって公共保健や生活が改善されることを目的としていて、メガネ、レンズ、手術は無料だそうだ。二〇一三年度は、「地域に住んでいる障害児童（耳が不自由、盲目）のための特別プログラム」で、子どもたちが通常の教育を続けられるような特別訓練が実施され、十五名の子どもが参加した。「国際婦人の日に向って、気付きと考えること」のプログラムでは、「女性とは？・女性の特徴は？・問題を明らかにし、その解決・グループ活動」などが行なわれた。

日曜日の朝に、ルシーアの住まいの近くのM農園の入り口で偶然に彼女と出会った。彼女はセンターに通っている十三歳以下の男女児童の球技大会の世話をするために、センターに行くところだった。その翌週にキャンディでトーナメントが行なわれ、その後にハットンの町で全国大会が開催されるという。この大会は毎年八月に開催され、全国にある教育センターに通っている児童たちが参加してネットボール、クリケット、フットボールなどの競技を行うそうで、関係省庁とトンダマン基金が大会の経済的支援をしている。

彼女が農園の子どものために頑張っている様子に、若い世代が自分たちのコミュニティを発展させていこうとする熱い想いと力強さに感動する思いである。

小さいながらも自分の店を経営

ルシーアの義理の姉になったミラロリィは、家族で力を合わせて土地を購入して一軒屋を建て、さらに、家の棟続きに小さなお店の経営を始めたことを序論で紹介した。「土地は二万ルピーで購入しました。利子を含めて合計五万二千ルピーを十五年間で返済します。毎月二八〇ルピーを農園に支払っています。家の建設費用は三十万ルピーかかりましたが、持っていた年金で支払いました」。夫の母親は長い間プラッカーとして働いていたので、退職時に年金を受け取っている。年老いたお母さんも大きな経済力になって、家族が皆で力を合わせて、明るく穏やかな暮らしを確かなものにしていることを感じた。

彼女の店で売っている品数はそれほど多くはないが、商品の値段を記そう。一緒に、同じ地域の農園の入口の店と、大都市キャンディの都心にある大型スーパーマーケットで売られている商品の値段も記す。ミラロリィの店では値段の表示がキロ単位と大きい、一方、キャンディのスーパーでは、日本の値段表示と同じように、多くは百グラムなど、小さい単位が多い。

食品／日用雑貨の値段（キャンディ地区）

キャンディ地区　マドゥルーケレ地域　ミラロリィのブティック（2011 年 10 月 23 日）

米	50 ルピー /kg	ダール豆	160 ルピー /kg
オニオン	80 ルピー /kg	砂糖	100 ルピー /kg
チリ	270 ルピー /kg	魚の缶詰	225 ルピー / 個
コーラ	50 ルピー / 瓶	クッキー（15 枚入り箱）	55 ルピー / 箱
板チョコレート（5 x 12cm）	10 ルピー / 個	チューブ入り歯磨き粉	7 ルピー
電気代	1,000 ルピー / 月		

キャンディ地区　マドゥルーケレ地域　農園の入口前の雑貨店　（2012 年 8 月 5 日）

米	52.68 ルピー /kg	赤米	54 ルピー /kg
トマト	100 ルピー /kg	バナナ	60 ルピー /kg
魚の缶詰（大）	240 ルピー / 個	魚の缶詰（小）	125 ルピー / 個
ミネラルウォーター	10 ルピー / 瓶		
石鹸（ラックス）	39 ルピー / 個	シャンプー	145 ルピー / 瓶

キャンディの町の中心部にある大きなスーパー・マーケット（2011 年 10 月 23 日）

米	67.5 ルピー /kg	パキスタン産の長い米	175 ルピー /kg
ダール豆	112 ルピー /kg	ガーリック	11.5 ルピー /100g
オニオン	8.5 ルピー /100g	ポテト（大きなサイズ）	12 ルピー /100g
板チョコレート	10 ルピー / 個		
トイレット・ペーパー	50 ルピー / 個	トイレット・ペーパー	242 ルピー / 4 個入り
ティッシュ・ペーパー	105 ルピー / 箱	ペーパー・ナプキン	52 ルピー /50 枚入り箱

キャンディの町の中心部にある電気店　（2011 年 10 月 23 日）

冷蔵庫 (LG)	73,900 ルピー	洗濯機	37,000 ルピー

キャンディのガソリンスタンド（2011 年 10 月 23 日）

レギュラー・ガソリン	125 ルピー / ℓ	ハイオク・ガソリン	130 ルピー / ℓ

二〇一一年秋の時点の為替レートは、一ルピーはおよそ〇・八円であった。米は種類によって値段に幅があるようだが、ミラロリィの店では一キロ四十円である。安いと思うが、米は絶対に必要な食料なので政府の補助があると考える。（二〇一五年九月三日の為替レートは、一ルピーはおよそ〇・八九円。）

必要な食料に比べると、例えば、キャンディのスーパーマーケットでは、トイレットペーパー一個の値段はお米一キロよりは安いが、ティッシュペーパーは安い米よりも高額だ。ティッシュペーパーはプラッカーの一日の労賃のおよそ五分の一もする、円に換算すると一箱が八十四円と日本よりも高価だ。ミラロリィの店の十五枚入りクッキーの菓子袋は米百グラムに相当する。スリランカでは紙や砂糖は輸入品であるため貴重で高額である。そのためか、子どもの虫歯は非常に少ないようだ。日本では紙や砂糖を無駄に使い過ぎていると思う。紙の値段は安いが、他の国の環境に影響しているのであり、私自身は節約するように注意しなければと思う、のだが。（ただし、トイレットペーパーは別。）

農園タミル人コミュニティの人の多くは、元はヒンドゥー教徒であったがキリスト教に改宗した人は少なくないといわれている。ミラロリィも実家はヒンドゥー教徒だったが、夫や夫の家族はカトリック信者であるので、結婚後にカトリックに改宗したそうだ。義妹のルシーアもカトリック教徒だ。

キャンディの紅茶農園地域は車が一台ほど通れる道が一本、奥地まで繋がっている。マドゥルーケレの入り口付近はキャンディの町を背にすると、道の左側は山を切り崩した高い崖で右側は茶畑である。その崖の上には大きくて風格のあるヒンドゥー教の寺院がどっしりと建っている。二〇一一年に久しぶりに訪れると、そのヒンドゥー寺院からそれほど離れていない同じ道の同じ左側の崖の上に、ローマ・カトリック教会が建てられていた。二〇〇八年に建設されたそうだ。鮮やかなブルーと白の新しい教会は、農園地域の青空を背にして、まさにそそり立っていた。下の道から教会の入口までは傾斜のきつい階段だ。階段の中ほどの両脇に、両手を広げた大きなキリスト像と、優しい雰囲気のマリア像が茶畑を見下ろすようにして建っている。この周辺地域では七五パーセントがヒンドゥー教徒で、二五パーセントがキリスト教徒だという。ほとんどはローマ・カトリック教で、その他のキリスト教宗派も活動を活発化している。ミラロリィの子どもたちも近所の子どもたちも、日曜日には教会の日曜学校に通っているそうだ。

彼女の家を訪ねると、彼女の義父は設備の整った自分たち家族だけの家でゆったりと暮らしていることに満足している様子が窺われた。彼は近年の彼らコミュニティで起きている大きな変化について静かに話してくれた。「数年前までは、自分たちが土地を自由に使って、自分の家を持つことなどは非常に難しいと考えていました。今、私たちの周りには大きな変化が起きています。しかし、世界中で変化が起きているのですから、スリランカの私たちの社会だけが変化しているのではないのです」。

二〇〇八年にアメリカのバラク・オバマ氏は"Yes, we can change!"と力強い声で訴え、そして大統領に選ばれた。二〇一〇年十二月にチュニジアのジャスミン革命を発端に起きたアラブの春はエジプト、リビアなどに広がり、政治も社会も大きく変化しだした。これらの変化は平和な社会に収束していくことが期待されていたが、残念ながら未だに先行きが見えず、益々混沌としている。人々はスリランカ奥地の農園地域に暮らしていても、新聞やテレビを通じて激変していく世界情勢を知っている。

全ての社会は変化するというミラロニィの義父の言葉には強い説得力が感じられた。長く苦しい時代を耐え忍んで、今は穏やかな生活をおくれるようになり、スリランカ社会も民族紛争が終焉して平和になった。苦境はいつか必ず終わり、変化は起こるということを、彼は実体験したのだと思う。

その一方、母親や叔母、また近隣の女性たちがプラッカーとして辛い労働生活を耐えていた苦労を、幼い頃から熟知しているルシーアやミラロリィの世代は、自分たちコミュニティに長い間課せられてきた様々な制約や困難を、自分たちで内部から取り壊そうとしている、そのような静かだが力強いエネルギーを感じる。

海外で働く夢に向って

ノーウッドのマリーについて、彼女のその後の成長を記したい。二〇一二年夏に再会した時、彼女はTea Leaf Visionセンターで基礎的な英語の勉強をする三ヶ月コースを修了して、二〇一二年一月から資格がもらえるディプロマ・コース（十〜十一ヶ月コース）で勉強をしていた。マリーの英語は素晴らしく上達していた。Tea Leaf Visionセンターについて、そこでの勉強と活動について、次から次へといろいろな話をしてくれた。センターで学んでいる毎日が楽しく、仲間との勉強や指導者との交流も嬉しくてたまらないという感じで、ソファーに座っていながら体全体を弾ませるようにしながら、満面の笑顔で私たちに話続けた。

八年振りに会った時のマリーは、まだ以前のようにおとなしく、笑顔も少なく、母親との二人暮らしの寂しさが感じられた。しかし、翌年には喜びと活気が体全体にみなぎり、「もっと、もっと勉強して、将来はお父さんのように農園の青年のための仕事をしたい。最初に農園の青年のために、その次にはこの地域社会を良くするための仕事をしたい」と力強い声ではきはきと希望を語ってくれた。それまでノーウッドの山村で家事を手伝うだけの暮らしであったのが、自分の将来の道がある程度具体的に開かれつつあること、そして今、自分はその道を歩いているという実感を心から喜んでいることが伝わってきた。

そして、私にTea Leaf Visionセンターの事務所を是非、訪ねて欲しいという話になり、すぐに私が翌日に事務所を訪問できるように手配をしてくれた。さらに、"Tea Leaf Vision センターの先輩の学生が夏休み中の小学生にちょうど教育実習を行なっているので、実習現場を見学する許可も得てくれることになった。マリーが迅速に手配をしてくれたお陰で、私は八月三日に"Tea Leaf Vision センターの事務所を訪ねることができた。さらに、本書の「はじめに」で書いたように、実習現場の小学校で貴重な体験をすることができた。

マスケリヤの町の道路から脇道をほんの数分入ったところにTea Leaf Vision センターの大きな建物はあった。門を入ると入口の側に看板があり、"Tea Leaf Vision Center for Professional Development established 2010 Tea Leaf Vision Upcot Road, Maskeliya World Vision"と記されていた。英国人のT・P・氏がプログラム・ディレクターとして四年間センターに滞在して、組織の運営管理をしている。私が訪問した時に彼は本国に帰国中ということで、残念ながらお会いできなかった。彼のかわりに、「私はセンターの校長です」、と自己紹介をしてくれた二十歳代半ばの女性と、男性スタッフが応対してくれた。校長先生は二〇〇九年にセンターに入学した、センターの元生徒だそうだ。したがって、彼女は三年間センターで研修を受けただけで、早くも指導者としての能力、組織運営の管理力、そして流暢な英語力を身につけた人材であると考える。自信に満ちた眼差しと、凛として落ち着いた態度でセンターの説明をしてくれた。両者とも祖父母は農園ワーカーだったが、両親は農園を出て、現在はヌワラエリヤの町で他の仕事をしているそうだ。

Tea Leaf Vision センターはイギリスの Tea Leaf Trust から支援を受けていて、一年コースは高地だけで行なわれている。今まで高地には英語のレベルの高い教育機関はなかった。無料で、十六歳から二十四歳まで、GCE—OレベルまたはGCE—Aレベルの資格を持っている青年だけが学ぶことができる教育機関が設立されたのだ。スタッフは十三名のスリランカ人、そのうちの六名はヌワラエリヤ出身で専属スタッフとして働いている。あとの七名はセンターで一年学んだ後に二年目に教師としてインターン・プログラムにいる生徒たちである。

センターでは現在、若い人は英語力を身につけることが何よりも大切であると考えられているそうだ。そのため、生徒は一年目に基礎の英文法を学び、様々な課題についての会話力や人の前でスピーチをする話術力を磨き、さらにビジネスを英語で実践する力を身につける、というレベルまでの教育に力をいれている。そして、二年目は、実際に社会で成功できるための道徳観や倫理観などの精神性を高める教育が行なわれているそうだ。センターでは農園ワーカーの家庭出身の青年が一般社会で自信を持って生きていくために、知識や技術を勉強することや実践力を取得することだけでなく、社会性や道徳性を磨くことにも重点が置かれていることに私は感銘を受けた。

生徒たちが道徳心を磨き、社会性を身につけるようにカリキュラムが重視されている背景には様々な社会問題があるようだ。その一つは自分を傷つける子どもがいるという問題があるそうだ。センターではそのような子どもがストレスを解消させる、または怒りを抑えるなど、感情のバランスをとって自己管理ができるように教育し訓練をしている。

一年間に一五〇名の生徒が学び、そのうちの十三名がディプロマ生になったそうだ。彼らは毎週水曜日に、学校の授業の後の二時間、子どもたちにコミュニティー・センターで、無料で英語を教えている。そのような体験を通じて、生徒自身の英語力も上達する。

校長先生によると、Tea Leaf Vision センターは当初、マスケリヤの町の人から受け入れてもらえなかったそうだ。しかし、一年後に町の人から尊敬されるようになった。センターのスタッフと生徒は町の人とコミュニケーションを持ち、公衆トイレや病院や道路などを掃除する社会奉仕活動を行なっている。しばらくすると、町の人はこのセンターのことを理解してくれるようになったそうだ。マリーから奉仕活動について聞いていたが、センターは地域住民に理解してもらうために地道な努力をしているのだ。さらに、ここで学んだ生徒が地域の子どもに無料で英語や、センターで学んだことを教える活動を行っている。このような活動を次々に広めていくことで、資金をかけずともこの活動が広がっていくと考えられているそうだ。

センターの壁には卒業生が書いた手作りの大きなメッセージを記した紙が貼られていた。

第一期卒業生— Temperance（節制）, Tranquility（平穏）, Patience（忍耐）, Curiosity（好奇心）

第二期卒業生――Fairness（公正），Forgiveness（寛容さ），Loyalty（忠誠），Honesty（正直），Justice（公平），Integrity（正直さ）

紅茶農園ワーカー家庭出身の青年が、社会の中で生き抜いていくための基礎的、かつ実践的な能力を短期間で身に付けられるように、実によく企画されていると考える。さすがに、長い歴史のあるイギリスのNGOによる社会開発活動と敬服する思いであった。

私が〔Kids School〕を訪ねた時、活動の総監督というP君が案内をしてくれた。彼はセンターに入って二年目のインターンで、将来は教師になることが希望だそうだ。五つの教室では、それぞれ約二十名の生徒に二名のインストラクターがついて、熱心に指導に当たっていた。この活動により、生徒同士の間にも、インストラクターと生徒の間にも、双方に良い相乗効果が生まれるそうだ。インストラクターの多くは女性であった。マリーはジーンズにTシャツ姿でセンターに通っているし、センターの若い女性校長もスカートにブラウス姿であったが、女性インストラクターは全員がサリーを着ていた。つまり、服装も教師としての身だしなみを整えて実習に取り組んでいた。インストラクターは臆することなく、生徒が良いことに関心や興味をいだくように指導していた。そして、生徒は楽しげで嬉しそうであった。奥地の山稜地での生活では学校が夏休みになって、特別な遊びや学びの機会があるとは思えない。そのような環境の中で、〔Kids School〕の英語クラスは子どもにとって楽しくて貴重な学びの機会であろう、

すごく分かる。《参照　カラー写真6・11》

さて、マリーの記述に戻ろう。二〇一三年十二月に会った時、その前年の十二月にマリーはTea Leaf Visionセンターを卒業し、インターネットで自分のこれからの人生の可能性を広げることができそうな仕事について調べ、専門学校に通い、ある資格を取得していた。それは、国内線と国際線の航空券を扱う資格で、資格取得者は航空券の予約や販売、空港オペレーション、ホテルの予約などができる。この資格があればスリランカの大きな町にある航空券を扱う事務所でも、また、外国のどの空港でも働くことができる。海外にも行くことができるし、結婚してからも働くことができると考えて、Travel & Tourism Courseに通うことを選んだそうだ。

スリランカ人のペレラ夫妻が一九九一年にＩＡＴＡのDiplomaを得て、International Airline Ticketing Academyという学校を設立した。マリーはこの学校の講座で五月から八月まで勉強した。週一回、土曜日の午後のコースで、受講料は二万四千ルピーであった。ノーウッドの家を土曜日の朝五時半に出て、コロンボ行きのバスに乗ると十一時半にコロンボに着く。二時から六時までの四時間のコースで学び、その日はコロンボの従兄弟の家に泊まらせてもらった。翌日の日曜日の朝七時半のバスに乗って、ノーウッドに午後二時半に着く。ひたすら希望に向って、苦労も乗り越えて頑張ったのだろう。Tea Leaf Visionセンターのお陰で英語が上達したので、自分の未来が開けてきたことを実感したそうだ。その後にトレーニングも受け、試験に合格して免許を取得した。「今、スリランカの会社に申請書を提出しているの。できれば外国企業に就職して、外国で働きたい」と夢を膨らませていた。彼女は就職活動をしながら、英語の業務用語がぎっしり書かれている分厚い専門書を一生懸命に勉強して、さらに自分の能力を高めるための努力をしていた。

マリーがセンターで一緒だった友人は保険会社や企業で働いたり、教師になったそうだ。GCE―Aレベルの資格に加えて英語力があるため、より良い仕事につけるようになった。銀行員、会社のマネージャー、販売部門やマーケット部門などの仕事に就いている友人もいるそうだ。マリーの従兄弟もTea Leaf Visionセンターで勉強して、今はキャンディの大きなホテルの中にあるレストランで経理士として働いているという。

スリランカはこれから国際社会の中での活動を活発化する流れになるのは間違いない。観光客やビジネス関係の人々の出入りは増加するであろう。新聞に次のような記事が載っていた。「スリランカ観光庁によると、今年の十ヶ月の間にスリランカを訪れた観光客は九十万四〇一五名になり、一六・八パーセントの伸びであった。北米や西欧、東欧、ロシアからの観光客が増大している。」(SUNDAY OBSERVER Sunday November 24, 2013)

二十数年前から八年前頃までは、成田空港からコロンボの空港に着いても、コロンボで入管手続きをする人は数えられる程度の少人数であった。ほとんどの日本人乗客は入管審査のゲートを横目で見ながら、モルディブに向う飛行機に搭乗するための階段を昇っていった。一九九〇年は北東部では政府とLTTEの間の民族紛争が、南部ではシンハラ人の社会騒乱があり、スリランカは不穏で厳しい社会情勢にあった。観光客が非常に少ないためコロンボの最高級ホテルであるヒルトン・ホテルのエクゼクティブ・フロアのダブルルームに、友人と二人で二十五ドルという超安値で四、五日の間滞在するというラッキーな経験をした。先の新聞記事の国別観光客として、残念ながら日本の名前はなかった。スリランカの魅力がもっと宣伝されれば多くの日本人がスリランカを訪れるのは確かだと思う。

観光に力を入れているスリランカに、世界から多くの観光客をひきつけることができる魅力がもうひとつ加わったことをちょっと宣伝したい。コロンボのある西部州とサバラガムワ州の州堺の町、アヴィッサウェッラからヌワラエリヤに通じている「ルートA7」については本書で何度か触れているが、この幹線道路の標高が大分高くなり、中央州との州堺の町キトゥルガラになる。この町は、近年、「リバー・ラフティング」(急流川くだり)を楽しむ場所として、観光ツアーのプログラムの中に入れられるようになった。スリランカで随一のリバー・ラフティング観光地だそうだ。二〇一三年にこの道路を往復した時にヨーロッパ人の新婚カップルや、小学生位の息子と娘を連れた家族がラフティングの用意をしているのを見かけた。大きな石と激しい水の流れのスリランカの川はラフティングを楽しむには理想的な場所といわれているそうだ。今までのスリランカにはなかった、新しい観光スポットのひとつになりそうだ。因みに、この町はデビッド・リーン監督の名作「戦場に架ける橋」（一九五七年）の撮影現場であったそうだ。

ついでながら、このキトゥルガラ（Kitulgala）という町の名は、"Kitu"という木の名前を冠している。スリランカでは砂糖は輸入品のため高価である。国内で採集する蜂蜜や、「ジャグリー」（パームシュガー）と呼ばれる黒蜜のようなコクのある、琥珀色の糖蜜が日常に使われている。「ジャグリー」は"Kitu"と呼ばれている木の実から作られているので、「ケトル・ハニー」とも呼ばれている。中央州の農村や農園地域の道路沿いに地元の村人が小さな小屋掛けの店を開いて、果物などと一緒に「ジャグリー」を売っている。スパイスの効いたホットなカレーを、ふきだしてくる汗を拭い、ながれてくる鼻水と戦いながら味わった後に、紅茶と、ジャグリーで作られた甘いプディングなどを頬張ると美味しく、嬉しい気分になる。

さて、マリーは、「お母さんは私のために高い受講料を払ってくれた。それなのに、もしも私が他の町や海外で働くようになると、お母さんをノーウッドの家に残していくことになる。お母さんを一人ぼっちにさせてしまうので悩んでいる」。嬉しさ一杯のマリーだが、同時に、お母さんのことが気がかりであると心情を語ってくれた。

一方、お母さんは、「今では若い世代はもはや農園では働かなくなっています。コロンボやキャンディに出て、そこで仕事につく青年が増えています。そのような生き方が彼らの人生なんだ、と考えるようになりました」。マリーの兄はコロンボで働いている。マリーも都会で働きたいという望みをもつのは仕方のないことなのだと、複雑な気持ちなのであろう。マリーのお母さんは北部ジャフナにある助産婦の大学に三年間通って訓練を受けて免許を取り、働いていた時にマリーのお父さんと結婚して、お父さんの故郷であるノーウッドに移り暮らしてきた。私が二〇〇二年と二〇〇三年に泊めてもらった時、穏やかな笑顔で接してくれ、仕事で忙しい中、私のために気を使って辛過ぎない食事を用意してくれた。二〇〇六年に夫が亡くなり、二人の子どもを育ててきて、いろいろ苦労があったであろうと思う。八年振りに再会した時、私をギュッと抱きしめて頰にキスをしてくれた。頑張ってきたお母さんは私に会って、お父さんを思い出したのかもしれない。

お母さんが担当している農園では、八つのディビジョンに一〇三八世帯、五九六〇名が住んでいると、お母さんはこのような数字をすらすらと答えた。健康管理を担っているという責任感の高さを感じた。白いユニフォームを着て、朝から夕方まで、若い助産婦さんと一緒に担当地区を回って、幼児、妊婦、高齢者などの世話をしている。二十六年間、助産婦として働いてきたが、五十五歳で退職するので、その後は今住んでいる家を農園に引き渡さなければならないそうだ。マリーがお母さんのことを気にしている気持ちはすごくわかる気がする。

国際航空券を扱う資格を取って外国企業に就職できれば海外に行くことができる、と考えた彼女は洞察力と先見の明があると思う。父親似なのかもしれない。もしかしたら日本で働くようになるかもしれない、楽しみだと思った。

私はマリーに、「就職が決まったらEメールで知らせてね」と約束をした。しかし、二〇一四年の春になっても連絡がこない。再度メールを送っても返信がないので、私のメールを受け取ることができないどこか海外で、すでに働いているのかもしれないと考えた。マリーのお母さんとは英語で通信ができないため、思案して、Tea Leaf Vision センターの校長先生宛に思い切って手紙を送った。「二〇一二年八月に貴センターを訪問しました。マリーに現況を知らせるようにメールしても返事がありません。教えていただければ有り難いです。」プライベートな問題に関することなので、私を信じてもらえるように、〔Kids School〕で写したインストラクターたちの顔がよく写っている数葉の写真を同封して、送付した。

センターが連絡してくれたのであろう、マリーからEメールが届いた。「メールをもらっていたのに、連絡しないでごめんなさい。これからは、ちゃんと連絡します」という挨拶のような言葉だけが書かれていて、仕事や就職活動などについての具体的なことは何も書かれていなかった。その後、私がメールをしても返信はない。キャンディに住んでいる農園コミュニティの知人などにもマリーについての情報をお願いしてある。推察するに、マリーは残念ながら未だに望むような仕事に就けずに、ノーウッドの家にお母さんと暮らしているようだ。はっきりとはわからないが、開けてきた将来の希望に向って一生懸命に努力しているマリーであるが、現実社会は彼女や私が考える以上に厳しいのかもしれない。スリランカ社会では就職に際して縁故関係などがどの程度影響するのか、個人の能力以外に身元や身分のようなものがどの程度考慮されるのか、はっきりとはわからない。私なりに考えてみると、マリーが望んでいる職種に就くためには、英語力や専門知識、資格だけでなく、洗練された接客マナーや身のこなしなども求められるのかもしれない。マリーが育ってきた環境などを考えると、彼女の就職活動は容易くないのかもしれない。マリーから希望がかなったという朗報が届くことを祈っている。

しかし、マリーは、Tea Leaf Vision センターで身につけた英語力や知識、貴重な経験などを生かして、お父さんのように高地の農園コミュニティの子どもたちのために、また地域社会の発展のために頑張って欲しいという思いも、私にはある。そうすれば、彼女はお母さんの側にいてあげることも可能だと思うのだが。

近年、農園タミル人コミュニティの女性たちは自信をもち、明るく、元気に、それぞれの立場で前進するようになったといえよう。このような大きな変化を実際に見聞きして、私は本書を書きたいと思ったのである。しかし、いまだに厳しい労働生活環境の中に置かれている女性も多い。二〇一三年十一月、高地の農園地域の茶畑の日陰で昼食をとっているプラッカーたちに会った。写真を撮ってもいいですか、と挨拶をしてからカメラを向けたのだが、厳しい表情で見返された。《参照　カラー写真6・13》

農園コミュニティのすべての女性たちの労働生活状況が早く改善されて、彼女たちが明るく、穏やかに前に向って進んでいくことを期待したい。

7　明日の希望――農園の青年・紅茶産業

(1) 教育環境の改善の進展

一九九〇年代にキャンディ地区の農園と農村部のいくつかの学校を訪ねたが、その当時は学校の校舎は古く、教室の中は暗く、机や椅子、黒板などの備品も粗末であった。しかし、二〇〇〇年代初め頃に訪ねたキャンディ地区の農園学校は三校とも、建て替えられたばかりの校舎は広々として綺麗だった。中等課程のある学校にはパソコン教室も図書館もあった。そして、二〇一一年から二〇一三年にキャンディ地区のマドゥルーケレのタミル語学校、また中央高地では三箇所のタミル語学校と、タミル人もシンハラ人の子どもも通う二箇所のシンハラ語学校を訪ねたが、どこも立派な校舎で、机椅子や黒板などの備品も整っていた。

多くの農園は遠方で交通の便も悪いため、以前は農園の学校に赴任を希望する教師は少なく、その結果、レベルの低い教師しかいないといわれていたし、私もそのような不満の声をよく聞いた。特に、英語、数学、科学の教師が非常に不足しているといわれていた。しかし、今回訪ねた全ての学校では校長先生は勿論、教師たちは熱心に生徒の指導に取組んでいた。特に印象深かったことは、英語、数学、科学のたくさんの若い男性のタミル人教師と会ったことだ。若い世代が教師として育ち、活躍するようになったと考える。

前述したTea Leaf Visionセンターの〔Kids School〕が実施されていた学校は、マスケリヤから奥に茶畑だけが延々と続いている山深い地域にあった。同じ校舎の隣の教室では、夏休み中なのに、GCE－Oレベルの受験に備えて数学の補習授業が行なわれていた。教室は十五歳から十六歳の大勢の男女生徒が、まさに、すし詰め状態で勉強していた。男性教師はきちんと上着を着て、熱心に指導していた。生徒も楽しげで、教室には若いエネルギーが溢れていた。

ボガワンタラワの町からさらに進むとL農園がある。L農園内の初等学校のW校長先生を二〇一一年秋に訪ねた。九十二名の一年生から五年生までの生徒と、五名の教師の比較的小さな学校だ。公立学校の校長先生は通常、校舎近くの敷地に建てられている官舎に住んでいるが、女性のW校長先生も学校の裏にある家に住んでいる。五年生になると奨学金制度を受験することができて、今年は二名の男子生徒が合格したと校長先生は誇らしげであった。合格者は少額の金額を支給されて大きな学校に通うことができる。大きな学校とは、この地域では、例えばハットンにある八百名から千名の生徒が学んでいる学校で、規模だけでなく教育レベルが高い学校だそうだ。しかし、L農園からハットンまで通学できないため、彼らは近い場所にある比較的大きな学校に通っているという。過去にはドロップアウトする生徒がいたが、今はいないそうだ。

W校長先生は近年の教師の報酬金について話をしてくれた。教師の基本給は一万四千ルピー、三十年間勤めると教師は月額四万ルピーに、校長先生は月額五万ルピーになる。W校長先生は二十二年間勤務して、現在の給与は三万ルピー、五十五歳から年金をもらうそうだ。

加えて様々な手当てがある。住宅を借りる手当ては月に二百ルピー。交通手当ては、困難な地域では一五〇〇ルピー。困難な地域の条件とは、郵便局、交番、メイン道路、病院がない地域で、そのような学校に赴任する教師に支払われる特別手当だ。さらに、より困難な地域手当は二五〇〇ルピー。その条件とは、車が行くことができないような、電気も水道もない地域にある学校だ。初等学校からカレッジの教師まで、同額の補助金が支払われる。教師の手当てで、特に交通手当てが比較的高く設定されているようだが、それだけ農園の学校は遠隔地や僻地にあるということの証といえよう。しかし、そのような僻地へ赴任することを促すインセンティブとして、それなりの手当てが支払われている。ということは、僻地や遠隔地に住んでいる農園ワーカーの子どもも、教師から良い教育が受けられるように配慮がなされていると思う。

その翌年、W校長先生は前に記したK先生を家に招いて、私が話を聞けるようにアレンジをしてくれた。お陰で英語教師のK先生から農園の教育環境について詳しい話を聞くことができた。若いK先生は少し前までコロンボにある五つ星ホテル、その当時はランカオベロイ・ホテル、現在はシナモン・グランド・コロンボで働いていたそうだ。

オベロイ・ホテルの名前を彼から聞いてとても懐かしかった。横道にそれるが、一九九〇年代初めの頃、コロンボの大統領官邸の隣に建っているランカオベロイ・ホテルに正面入口から入ると、薄暗い広いロビーがあり、ロビーには高い天井からバティックのとっても長い布が、確か三枚ほど吊るされていた。ホテルはインド洋に面しているゴールの海岸線から直ぐのところにあるので、生暖かで湿り気のある熱帯の海風がロビーを吹き抜けていて、長いバティックは風でのどかに揺れていた。スリランカらしい雰囲気が漂う趣のある感じが好きで、ロビーを通る時にはいつもわくわくするような高揚感がした。しかし、いつの間にか経営者が変わり、ホテルの名前が変わり、ロビーの様子も変わり、あの素晴らしいバティクは取り外されてしまい、スリランカらしい趣のある雰囲気はなくなってしまった。

さて、K先生が子どもの頃は英語を学ぶチャンスがなかった。しかし、ホテルで働いている時に英語教師になりたいと考えた。彼はGCE―Aレベルの資格を持っているが、GCE―Oレベルの資格でも教師になることができるそうだ。二年間の研修期間中は少額の報酬金がもらえて、遠方から通う人には無料の宿泊施設がある。但し食費は自己負担。研修終了後、児童心理学、学校マネージメント、担当科目をどのように教えるか、などについての試験を受ける。そして、英語教師を希望する人は英語の試験を受ける。教師になる資格を得ると、中央政府によって赴任する学校が決められて、五年間その学校で勤める。その後、同じ学校に継続して勤めたい場合はそこに残ることができるそうだ。タミル人はタミル語学校の教師になる。

K先生の話を聞きながら、私は二〇〇三年にお会いしたケア・スリランカのディレクターの言葉を思い出した。ケア・スリランカは前に記したようにアジア開発銀行二〇〇二年事業の中で農園の人々の社会開発を担当していた。紳士的な姿勢と流暢な英語を話すディレクターはジャフナ・タミル人と推察した。彼は初めに、「あくまで私の個人的見解としてお話します」と断った上で意見を述べてくれた。「理想としては農園の青年が希望する職に着くことが望ましいと考えます。しかし、彼らが教育レベルを高めても、現実に働くことのできる職種はホテルのボーイ、小売店の店員、小さな食堂のウェイターなどです。給与は安く、農園外部で住む場所もなく、知り合いもいないし、交渉力ももっていません。農園の外で暮らせば衣食住にお金がかかります。彼らが希望する職につける機会を得ることを阻む障壁は余りにも高すぎるのです」。その当時は紛争が激しい社会情勢にあった。青年の多くはタミル語しか話せないという言葉の壁があり、職を紹介してくれるような人脈などはほとんどなく、農園の青年が農園外部で職を見つけることは現実には非常に難しい時代であった。

あの時から十年も経たないで、障壁は格段に低くなったようだ。K先生は英語ができずにホテルで働いていたが、教師になりたいと考えて、努力をして、今は英語教師として自分の希望を叶えている。青年が望み、努力すれば、希望する職につくことができる道は開かれたという実例だと思う。当然のことだが、障壁がなくなったとはいえないし、全ての青年が自分の希望を叶えられるということではないでしょうが、それはどこの国でも社会でも同じであろう。ただ、以前に比べて、時代は確実に農園の青年にとって良い方向に向っていると思える。

一方、農園タミル人コミュニティでは昔から学校の教師が放課後や、土曜日、日曜日に、学校での授業とは別に、希望する生徒に勉強の指導をする私塾のようなものが常にあった。一九八〇年代には教師の数が絶対的に足りなかったが、教師不足を補ったのはボランティアの教師だったといわれている。彼らには基本的に報酬金は支払われなかったが、教会やＮＧＯは少額のお金を払ったり、または生徒の親は食料などのある種の報酬を渡していた。地理的にも物理的にも閉ざされたような環境の中にいる子どものために、親も教師も互恵や互助の意識が育まれているように思う。Ｋ先生によれば、今日でも希望する生徒にそのような慣習が行なわれているそうだ。生徒は自分が弱い科目の補習授業を土日などに教師の家で受けている。謝礼は生徒の家庭の経済力によって異なり、月に百ルピー程度の場合もあれば、ゆとりのある家庭の生徒からは少し高額の謝礼をもらうそうだ。このような謝礼の方法も昔から行なわれてきたままのようで、農園タミル人コミュニティという共同体のポジティブな特質といえよう。

⑵ 青年の健全な成長を守る環境

ちょうど本書の執筆をしている二〇一四年から二〇一五年初めの頃、イスラム教徒のごく一部の過激派組織などによる、怖ろしく、忌まわしい暴力がニュースで報じられる度に震撼する日々であった。このような時期に、本書の中で青年の成長と宗教について記すことは誤解されるかもしれないと悩んだ。スリランカの仏教界と日本の仏教界は深い繋がりがあるのであり、宗教などに殆ど無知の市民にすぎない私の知見の範囲は、スリランカのほんの一部の社会であることも承知している。しかし、特に青年が成長していく過程に宗教が果たしている役割は大きいと感じる、言い換えると、複雑な社会の中で宗教の教えが青年たちを守っているという印象を受けたので、私が受けた印象の範囲内においてであるということをお断りした上で、素人の立場でこの問題について記してみようと考えた。

二〇一二年八月五日の日曜日のお昼頃に、マドゥルーケレの紅茶農園地帯の路上で、十名ほどの農園の子どもたちのグループに出会った。赤や緑、オレンジ色などの鮮やかなパンジャビ・スーツ姿でお洒落をして、とても嬉しそうに楽しげに歩いていた。近くにあるヒンドゥー教寺院の日曜学校に行くところだという。《参照　カラー写真7・1》そして、ちょうど同じ道の反対方面からは、近くにあるキリスト教教会の日曜礼拝を終えて、農園内の自宅に帰る大勢の家族連れが近づいてきた。お父さんはさっぱりとしたシャツにズボン姿、お母さんはサリー、子どもたちも可愛らしいワンピースを着て、こちらも皆、楽しげに笑顔で歩いていた。日曜日のお昼頃の紅茶農園周辺の道は、笑顔の人々が行きかっている穏やかな光景であった。

他方、高地のノーウッドの中央通りでも、日曜日の昼過ぎに白いシャツとサロンをきちんと着た男子や、白いサリーを着た女子が仏教寺院の日曜学校に向うところに出会う。仏教寺院だけでなく、キリスト教教会とヒンドゥー教寺院でも日曜日の午後に日曜学校は開かれている。仏教寺院で毎週開かれる日曜学校では仏教について、仏教徒としての生活などについての学習が行なわれていて、年齢に関係なく成人男女が参加しているそうだ。

コロンボを発って、「ルートA7」を走っている途中でシンハラ人の町を日曜日の昼頃に通りかかると、白いシャツに紺色のズボンやスカート姿の大勢の児童がお寺の日曜学校から帰宅するところに出会った。町はずれの農村でも日曜学校から帰宅する子どもたちに出会った。お寺の日曜学校で教えている若い女性の先生は白地に紺色の縁取りがしてあるお揃いのサリーを着ている。先生の報酬金やサリーなどには政府の補助があるそうだ。《参照　カラー写真7・2》

スリランカの仏教徒は心から仏陀の教えを信じている信仰心の深い人々である。古くから寺が人々の面倒を見る習慣があるそうだが、二〇〇〇年代初期の頃までは、私は日曜学校に通う子どもたちの姿を余り見かけなかったので、今回はとても新鮮な感じがした。「前に比べて、若い人が寺に行って修行するようになっている」という意見を聞いた。日曜学校は以前からあったが、昨今はその活動がさらに盛んになっているようだ。日曜学校には子どもだけでなく大人も参加する。大きな町でも小さな町でも、社会的地位のある人も地位のない人も寺に通い、学校では学べないようなことを寺の日曜学校で学ぶことができる。そして、大人になってからも若い頃に寺で学んだことが身についていると、スリランカの知人は話してくれた。社会生活をする中で宗教が生きているのだ。

学校の教科にも宗教があり、幼い時から宗教や道徳についてきちんと学んでいる。スリランカでは世界の四大宗教が信じられていて、教育現場では四つの宗教が平等に崇められている。保育所の壁には、「お釈迦様」「イエス・キリスト」「ヒンドゥーの神様」の絵や像が一緒に、仲良く祭られている。《参照　カラー写真7・3》プレスクールでも、学校でも、ルシーアの教育センターの所長室でも、壁に同じように様々な神様が祭られている。但し、イスラム教では偶像崇拝はないので祭壇はない。朝の祈りの時間には、児童や生徒はそれぞれ自分の神様にお祈りをささげる。そして、それぞれの宗教の祝日は全校生徒が一緒にお祝いをする。幼い時から自分の宗教を大事にすると同時に、他の宗教も尊重する心が養われるような環境にある。

五十歳代後半のシンハラ人の知人が仏教について語ってくれた話を記したい。「仏教は生きることは苦しみであると教えています。生きることの苦しみを肌で感じ、苦しさから逃れることが悟りなのです。スリランカでは苦しみは当たり前と考えられていて、それを元から直すことが大事なのです。病気に対しても、アメリカや西洋では薬で治そうとする考えで、その治療方法は対処療法で表面的なところだけを治そうとします。一方、仏教では根本の問題を直そうとする考え方で、自分が苦しみ、自分自身で苦しみを乗り越えることが治すということなのです。他から教えてもらって治せるものではありません。これが東洋の考え方であって、アーユルヴェーダはこのような考えなのです。仏教では苦しみは苦しむことによって救われると考えます。『釈迦』とは悟った人なのです」。知人は高学歴であるが、特に寺院で修行をした経験はない普通の市民である。しかし、自分の信仰についてきちんと話をしてくれたことは実際に身についているからと感銘した。

そして、彼は『おしん』は若い頃に苦労したが、逞しく苦労を乗り越えたことにスリランカ人は感動したと話してくれた。スリランカ人は『おしん』の生き方を共有したいと思う国民性なのだとも。ご存知と思うが、『おしん』は一九八三年四月から翌年の三月まで放映されたNHKの朝の連続小説だ。世界の多くの国で放映されて好評を得ているが、特にスリランカでは二十数年前から大好評で、吹き替えなしで、シンハラ語で、英語でと、何度か放映されている。ノーウッドの初等学校の一年生から五年生の二十五名の男女生徒に、テレビの『おしん』を見たことがありますかと聞いてみると、十五名ほどが手を上げた。

ウェブ・サイトでちょっと検索してみた。『おしん』は二〇一二年の時点で六十八の国と地域で放映された。とりわけアジア圏で人気が高く、『おしん』を観て日本や日本女性に好意的な印象を抱いたという人々も数多い。エジプトのカイロでは『おしん』放映時間に停電が発生、放送を観られないことに怒った視聴者が電力会社やテレビ局に大挙押し掛け、投石や放火等の暴動を起こすという事件があった。その後、政府が該当話の再放送を約束する声明を出し、事態はようやく収束した。また、アフガニスタンやイランではペルシャ語に吹き替えされて放送されたが、イラン国営テレビでの放映が最高視聴率九〇パーセント超を記録する爆発的人気となり、長きに亘り「Oshin（ウーシン）」は日本を表す代名詞となった。しかし、西欧諸国などで放送された時、国によってはあまり人気が出なかった」そうである。

さて、平和に戻ったスリランカを訪ねるようになって、私はある事に気付くようになった。それは経済的に豊かで近代的科学技術が進展している国が、途上国の地域社会や人々を支援する国際援助協力はとても大切であり、必要であることは確かだ。しかし、援助する側と援助される側が対等でなく、ともすると上下関係に陥り易いことは以前からしばしば指摘されてきた。スリランカは日本に比べて、国全体はまだ貧しく、多くの人は物質的には豊かでない生活をしていると感じる。しかし、コンクリートやガラスなどの無機質なものに囲まれた空間ではなく、人々は豊かな自然と一体になって、穏やかに暮らしている。私たちはスリランカの人々から学ぶことが多々あると改めて思うようになった。

例えば、日本で「いじめ」は児童や青年たちだけの問題ではなく、職場や地域社会の大人の世界にも昔からある問題といえるが、近年は特に深刻な社会問題になっている。さらに、社会的騒乱のような大規模ではないが、「命」を軽んじる残虐な事件が起きている。

それで、スリランカの学校の先生に生徒の間の「いじめ」の問題について訊ねてみた。マドゥルーケレのタミル語学校のＪ校長先生は、「この学校の生徒の間にいじめの問題はありません。皆、仲がよいです」。また、ボガワンタラワのＫ先生によると、教師と親は、毎月一度は面談をしているそうだ。日々の学校生活の中で生徒を良く見ているので、問題のありそうな生徒には直ぐに気付き、そのような場合は生徒の家を訪問して両親と話をするそうだ。ノーウッドの中央街に住んでいるBさんの長男が通っているシンハラ語学校では、先生の家庭訪問はないが、三ヶ月ごとに学校で父兄会があるそうだ。Bさんは、「両親と教師の間のコミュニケーションは強いです。私は学校の先生を信頼しています。もし、何か問題が生じたら、すぐに先生に相談します」。先生と親が互いに協力し合っているようだ。

マドゥルーケレのJ校長先生のタミル語学校では広い教室に机と椅子が整然と置かれている。特に興味深かったのは、廊下や階段の壁、教室の黒板の横などに様々な標語のポスターがたくさん貼られていることだった。《参照　カラー写真7・4、7・5》写真の標語を訳すと、例えば、「社会的つながり・紛争予防・協力」であろう。一番下の"AFFIRMATION"は、校長先生が生徒に何を伝えたいかを質問しなかったのが悔やまれるが、「容認、肯定」、つまり、相手を受け入れるという意味なのかと考える。他の地域の学校でも似たような標語が書かれているポスターなどが貼られていた。学校生活の中で生徒たちが仲たがいすることなく、仲良く、協力しあうことを常に意識することを促しているように感じられた。

スリランカは残念ながら、過去に暴動や騒乱は多発していた。特に、一九七一年に南部で起きた武装蜂起は、歴史学者デ・シルバが、「スリランカで初めての青年による大規模な政府に対する反乱であり、おそらく世界で記録されている歴史上最大の青年による反乱であった」と記しているほどのものであった。一九八三年から長年続いた内紛も、一人の青年がリーダーとなっていたものであった。悲惨な事件は二度と起きないように、日曜学校や教育現場の標語のポスターなどは、青年たちが心身共に健全に成長していく環境つくりのように思われる。

教育センターのルシーアは農園タミル人コミュニティの大勢の子どもたちの面倒を見ている。彼女にセンターに通っている子どもたちについて、何か問題があるかを聞いてみると、彼女は考えながら、ゆっくりと話してくれた。「私たちのコミュニティの生活はまだ一部ですが、近年、改善されるようになってきました。私たちのコミュニティが平和で穏やかに進展しているのは、生活がシンプルであること、ゆっくりとした生活と進歩、家族を大切にしていること、良い人間関係、文化と宗教を大切にしていること、これらが私たちのコミュニティの長所なのです。家族の間で何か問題が起これば、皆で話し合います。日本人は一生懸命に働いてお金を稼いで、もっともっとお金を稼ぎたいと、さらに自分を忙しくしてしまうのではないでしょうか？　私たちは少ないお金でも幸せに暮らしています。子どもは何か問題があれば、両親、兄弟、友人の間で共有して、皆で話し合いをします。子どもの間に「いじめ」はありません。互いに助け合おうとする文化が私たちのコミュニティにはあります。日本では他の人に自分の問題を話したり、他の人を頼りにしたいと思う場合、「迷惑をかけてしまうのでは……」、という考えがあるようですが、スリランカでは自分も他の人を助けることもあるから、自分が困った時には周囲の人に助けてもらうことが自然なのだと考えます。私たちは、どの宗教であろうと、神を「信じる」という心が強く、信仰心は真剣です。神を信じているから人を助ける、もし、そのようなことをしないと、神が私を罰すると考えます。宗教は私たちの文化なのです」。

一概に、簡単にコメントできるようなことではないと思う。ただ、スリランカは魅力的な観光地として、または、経済協力の対象国としてだけでなく、スリランカの人々との交流を通じて、私たち日本人は彼らから教わるものがたくさんあると考える。

(3) 若い世代への期待

グローバル・レベルも視野に

二〇〇二年三月にハットンの町を拠点に活動をしていた地元のＮＧＯを訪ねた時に、そのＮＧＯのリーダーはＮ君を紹介してくれた。Ｎ君は農園ワーカーの家庭の生まれで、その時はペーラーデニヤ大学の工学・数学部の四年生であった。ペーラーデニヤ大学の工学・数学部は特に優秀な学部である。体格も立派で、はきはきと英語で話をしてくれたＮ君は私に是非、両親に会ってほしいと紅茶農園内の彼の家に案内してくれた。元農園ワーカーだった初老の父親は年金生活者で、小柄で華奢な体の母親はプラッカーとして働いていた。両親は穏やかで温かい人柄と見受けられた。農園ワーカーであることから、多分、教育は余り受けていないだろうと推察したが、両親は人間としての本質的な品格のような雰囲気をもっているように感じられた。家族が住んでいるライン・ルームにはN君のお姉さんの家族が同居していた。「農園の学校の先生が熱心に勉強を指導してくれたお陰で、私はペーラーデニヤ大学の工学・数学部に進学できました。この部屋でケラシン・ランプの灯りで勉強しました」。農園のタミル語学校では科学、数学、英語の教師は一九九〇年代前半には著しく不足していたが、二〇〇〇年代に入っても尚、不足していたといわれていた。さらに、多くの能力を要求される医学や工学などの大学の授業は英語で行なわれている。N君自身の努力はもちろんであろうが、彼を指導した先生の熱意があったのであろう。さらに、彼は、「私は農園出身者であることから逃げません。休日にはできるだけ農園の両親の所に帰ってきます。又、ペーラーデニヤ大学の工学・数学部の学生は現在三二〇名いますが、そのうちの十五名ほどは農園地域出身者です。皆は仲良く、互いに協力しあっていいます。高地の農園地域に住んでいる約百名の大学教師と学生たちで、［科学と数学のフォーラム］を組織し集会を開いて、大学と学生と農園を繋ぐ活動をしています」。N君が農園ワーカー家庭出身であることを隠そうとはせず、農園タミル人であることを否定的に考えていないのは、両親と教師への強い感謝と深い親愛の気持ちがあるからと感じた。彼はペーラーデニヤ大学を卒業した時に私にEメールで知らせてくれたが、その後は音信が絶えた。
そして、二〇一一年に現地の友人から、N君は大学卒業後にアメリカに留学して、二〇〇九年にアメリカのNASA研究所にエンジニアとして就職したという嬉しいニュースを聞いた。スリランカの山奥の農園ワーカーのライン・ルームで生まれた男の子が、世界の一流の研究所でエンジニアになった。N君は農園の人々の憧れの的であり、誇りとなる存在であろう。

序文で記した、S・トンダマンが農園の子どもたちのために、一九七八年に初めて建てたノーウッドのタミル語学校の校長先生にお会いした。当時の校舎は記念の建物として大事に管理されている。六年生から十三年生だけの学校で、生徒数が一〇五四名という大きな学校である。生徒の九九パーセントは農園ワーカー家庭の子どもで、バスや徒歩で通学している。「私の父は農園ワーカーでした。カレッジを卒業した後、三年間研修を受けて教師になりました。私が子どもの頃は、自分の視野にあった仕事は農園の事務所くらいで、就職を考える範囲は農園部門だけに限られていました。しかし、今の生徒たちは、将来は大学に進みたいと考え、グローバルに視野を広げています。医者、エンジニア、科学者などになることを希望しています」。昨今の生徒の意識が大きく変わってきていることに校長先生自身が驚いているようだった。このタミル語学校の生徒たちがN君のことを知っているかは定かではないが、広い世界をテレビや新聞などで知り、身近に感じるようになっている青年にとって、自分の将来の選択肢の領域はグローバル・レベルにまで拡大してきているようだ。

二〇一一年に初等学校の生徒に希望している仕事を聞いてみた。男子はパイロット、警察官、医者、弁護士、教師。女子は教師、エンジニア、医師という答えであった。エンジニアは収入がよくて人気のある職種だそうだ。パイロットはテレビの影響かもしれない。

英語熱の高まり

コロンボに本社があるような中堅以上の企業で働いている人々は互いに英語でコミュニケーションをし、また、企業間の連絡手段も英語である。そのため、英語ができることがコロンボにある会社で働くための必要条件である。十年ほど以前には、教育レベルを高めさえすれば、親と同じの農園の仕事に就かずに、農園の外の自分たちが望む仕事に就ける可能性が広がると考えられていた。しかし、近年は、教育レベルだけではなく、英語力も高めなければと考える親も、子ども自身も多く、英語熱が高まっているようだった。

英語は入学前に通う幼稚園から習い始めるそうだ。学校の一年生から英語クラスがあり簡単なABCなどから勉強して、学年が上がるにつれて英語レベルも上がり、五年生からは文法なども習う。GCE—Oレベル、GCE—Aレベルの試験で英語は主要課目であるため、生徒は試験のために真剣に英語を勉強し始めるそうだ。しかし、地方などでは良い英語教師がいない学校も少なくないのが現実のようである。そのためであろうか、都市部だけでなく、遠隔地の紅茶農園地帯でも英語塾ができて、塾に通う子供たちが増えていることを知って驚いた。

農園地域では以前からキリスト教教会で農園の子どもたちに英語を教えているという話をよく聞いた。現在は教育センター所長になったルシーアも、若い頃にカトリック教会のシスターに英語を習っていた。ワッテガマはキャンディ地区の紅茶農園地域の入口に位置する比較的大きな町だが、近年、日曜日に開かれる私塾があり、そこでは全ての課目が英語で行なわれているという。そして、ワッテガマのキリスト教教会ではイタリア人神父がスリランカ人の英語教師を雇って、日曜学校で英語クラスを開いているという話だ。

一方、中央高地の農園地域では、例えば、ノーウッドに住んでいるBさん宅では九年生の長男がハットンにあるアメリカ人が経営している英語塾に通っていた。週二回で、一回は一時間半、月謝は千ルピー、学校が終わった夕方に通っている。教師はスリランカ人で、生徒は十五名でタミル人、シンハラ人、ムスレムが一緒に英語でコミュニケーションをしながら勉強しているという。長男は英語塾に通うのはとても楽しいと、同じ塾に通っている一歳下の従兄弟と英語での会話を楽しんでいた。しかし、二年後に会った時には、長男は英語塾にはもう通っていなかった。彼は英語塾を止めた理由を言葉では話してくれなかったが、どこか哀しげな、不満だが我慢するしかない、というような顔つきであった。上級コースの月謝は月八回で五千ルピーだそうなので、随分と高額であることが理由のひとつではないかと推察した。プラッカーの日賃のほぼ九日分になる。ノーウッドの中央通りにも英語塾の看板が掛けられていて、英語熱は益々高くなっているようだ。

ハットンの町のほぼ真ん中あたりで急斜面の坂道を昇って小高い場所に行くと、ある建物の一角に「ゴールデン・カレッジ」と書かれた看板がかかっていた。訪ねてみると若い女性の事務員が快く内部を案内してくれた。それなりの広さの部屋が三つ、四つあるだけの小さな私塾で、二年前に設立され、ディレクターはムスレムであると説明してくれた。農園ワーカー家庭の子女のために始められた英語とパソコンの教育センターで、タミル語だけで指導しているので、対象者はタミル人だけである。GCE—Oレベルを修了した生徒を受け入れているという。英語クラスは私が訪ねた時間には開かれていなかったが、パソコン教室では二十歳前頃の若い女性たちが真剣にパソコンに向って勉強をしていた。パソコン・クラスの授業料は三ヶ月コースで六五〇〇ルピー、中級コースが八千ルピー、上級コースが九千ルピーと段々と高額に設定されていて、修了するとコンピューターの資格証書を取得できる。パソコンの知識があれば町の事務所や商店などに就職することができるので、カレッジは人気があるそうだ。

英語塾の看板はキャンディの町や、「ルートA7」沿いの農村地域では、それほど見かけなかったが、コロンボの周辺部、例えば、ネゴンボに向う「ルートＡ３」の道路を通った時、英語塾と書かれている看板がたくさん目に付いた。平和に戻って観光客が増加し、観光産業が活性化するようになっていることも背景にあるようだ。一方、塾は英語に限らず全ての科目であるそうで、科学、商業、化学、生物などの塾もあると聞いて、学習熱が高まってきていることが感じられた。地域や塾の経営者によって費用は異なるようだが、例えば、科学を勉強する塾は月に八時間で二千ルピーだそうだ。親の経済的負担がこれからは大きくなっていくであろうと推察する。

期待されている次世代

農園タミル人の間にアルコール依存症の人が多いという問題は古くは植民地時代から指摘されていたそうだ。十年ほど前には、日賃百ルピーか一二〇ルピーの中から酒代に二十ルピー近くも使ってしまう人もいるという話を聞いた。アルコール依存症は男性だけでなく、女性も多い。主な原因として、きつい仕事による疲労や肉体的な痛み、閉ざされた労働生活の中での精神的苦痛、夜は何の楽しみも無く、狭い家の中に閉じこもるしかなく、不満がたまっている。それらを癒すためにアルコールを飲み、アルコール依存症になっている、などと言われていた。アジア開発銀行二〇〇二年事業の中で、国際NGOのプラン・インターナショナルはアルコール依存症の問題に特化した活動を行なっていた。

あれから十数年が過ぎて、住環境は随分と改良され、テレビなど生活の中に楽しみもできた。しかし、その問題は軽減されずに今でも深刻なようだ。農園コミュニティや紅茶産業の関係者たちの実に多くの人が、例えば、学校の校長先生や教師、農園マネージャー、医師、助産婦、農園の住民、ノーウッドの警察署の副署長、紅茶輸出業者なども、農園タミル人コミュニティの現在の一番深刻な問題はアルコール依存症の人が多いことだと述べていた。ノーウッドの町では二百メートルの間に酒場が三軒もあるそうだ。

特に父親は酒ばかり飲んでいて、家庭での父親らしさが低下している。酒などの無駄使いが多く、お金を貯金したり、将来のことを考えない人が多い、というような話を耳にする。スリランカでは中東への出稼ぎ者が多い。農園タミル人コミュニティでも妻が中東に出稼ぎに出ている家庭は多く、そのような家庭の中には妻からの仕送りがあるため、夫は働こうとしないで、お酒を飲んでアルコール依存症になっているケースも多いそうだ。さらに、成人男女だけでなく、青年の間でも問題になっているようだ。マリーのお母さんによれば、農園の青年の中には若い頃からアルコールやタバコなどの習慣に慣れてしまい、人生を挫折してしまったケースも多いそうだ。

長い間、農園コミュニティに澱んでいるような重い問題に関して、私は興味を感じるようになったことがある。それは、多くの関係者が異口同音に、「今では農園ワーカーの子どもは教育も規範も身につけるようになり、親に良い影響を与えるようになってきている。子どもを通じて両親は徐徐に意識を変えるようになっている」と話していたことだ。

Tea Leaf Vision センターでは、「アルコールや喫煙の問題、良い人間関係などについて、センターでは生徒に教育をしています。家族の中で一人がマナーや正しい知識を学んで身につければ、家族中に良い影響を与えることに繋がります。そのために良い行動やマナー、きちんとした服装、対話の仕方などについても教えています」。

先のアップコットの農園マネージャーは、「子どもたちに環境衛生、道徳、良い習慣などについての教育を行なっています。そのおかげで、両親も徐徐に意識や生活習慣を変えるようになってきています。数年のうちにはワーカーの生活環境はもっと良くなるでしょう」。

子どもは学校で読み書きなどの勉強だけでなく、保健衛生健康、環境問題、道徳、良い習慣などについても学ぶ環境に置かれている。知識を学ぶだけでなく、実践も行なっている。日曜学校にも通い、道徳や礼儀を身につけることを学んでいる。このような広い教育を受けた子どもは規律を守るようになり、そして、子どもがそれぞれの家庭で親に良い影響を与えているそうだ。今は親がアルコール中毒であるために家庭に問題が生じている家庭が多いが、若い世代が成長すればアルコール依存症の問題も良くなるであろう、という意見も多くの人から聞いた。

本書の中で、若い世代の影響によってコミュニティの人々がより良い生活習慣に変えることが期待されているようだ、ということの箇所を記述していた時に、以下のような新聞記事を読んだ。二〇一五年二月十五日（日曜日）讀賣新聞の［地球を読む］というコラムに、日本対がん協会会長の垣添忠生氏が、「がん教育　幼少期からの開始　効果的」「親の生活改善　子が促す」、と題して執筆されているのだ。さらに、その中でスリランカでの活動が好例として紹介されている。奇遇が重なったようなので、少々長いが抜粋を引用する。

子どもに対するがん教育は、子どもが大人に影響を与えるという点でも効果的である。――スリランカにおけるがん病理学者、小林博・北海道大学名誉教授の長年にわたる活動が好例だ。スリランカで多い口腔がんや食道がんの原因は、国民に広く浸透した噛みたばこの結果とされている。――生活習慣の改善を大人に働きかけたが効果はなかったのが、子どもを説得したところ功を奏した。――スリランカ南部のモデル校四校で小中学生ががん予防や健康な日常生活などをテーマに討論する場を持つようにし、その内容を定期的にニュースレターとして配信した。五〜六割あった大人の喫煙率が二〜三割に低下し、納得して禁煙するようになった。さらに、太りすぎや塩分の取り過ぎに注意を払う大人も増えてきたという。――がんの知識を注入するのではなく、人の生命の有限性、がんを含めた多くの病気と生活習慣の関わりなどを子どもたちが意識するように仕向けることが大切だと思う。――一種のしつけのように、（子どもが）知らず知らずのうちにがんや人の生命のことを学び、それを家族と話し、親にも働きかける機会につながればすばらしい。子どもからの〔要請〕に親が応える——。そんな、従来なかった動きに、是非つなげたいものである。

垣添氏の言葉の、「従来なかった効果的な動き」が、まさに農園コミュニティでも生じるようになっていると思われる。キーワードは「若い世代の成長」だ。アルコール依存症の問題を解決するだけでない。若い世代が成長していくことで、農園コミュニティがより良い社会へ発展していくことに繋がると、期待したい。

(4) スリランカ人による紅茶産業へ

紅茶は近年においてもスリランカの主要な経済部門である。二〇一二年と二〇一三年にはGNPの一〇パーセント以上を占め、輸出割合は一四パーセントを大きく超えている。

紅茶産業は「プランテーション部門」と「スモール・ホールダー部門」の二つの部門があることは前に記した。「スモール・ホールダー部門」は、シンハラ人、ムスレム、スリランカ・タミル人、インド・タミル人などの、企業や個人が所有している農園と、個人の農民などである。政府は茶の栽培地を拡張し、茶の生産性を向上させるために、特に茶を栽培する小規模農家を育成して、スモール・ホールダー部門が成長するのを支援している。二〇一二年八月に茶畑を拡張する業務に携わっている行政官と話をした。「[ティー・インスペクター]、または[エクステンション・オフィサー]は、茶畑にするための土壌の整備、茶樹の植林や植え替え、施肥など、茶樹の維持管理を指導する専門家として、茶を栽培する農家を支援、強化しています。彼らは茶が栽培されている全ての地帯で、各地域に一人いて、例えば、キャンディには三十五名が働いています。このプロジェクトには返済する必要のない助成金が与えられています」と話してくれた。

『プランテーション産業省二〇一三年度報告書』の中で、ラージャパクサ大統領の「二〇一三年予算演説」には、「茶樹を植え替えたり、新しく茶園を始めるように、助成金を出してスモール・ホールダーを積極的に奨励するための予算をつけることを提案する」と記されている。助成金は、茶樹の植え替えにはヘクタール当たり、二〇一二年は三十万ルピー、二〇一三年は三十五万ルピー、そして、新規に茶樹を植林する場合はヘクタール当たり、二〇一二年は十五万ルピー、二〇一三年は二十五万ルピーである。

農園タミル人ワーカーに小規模の土地を譲渡して、彼らを自立した茶栽培の小農にする動きが、特に、中地のキャンディで進むようになっている。

《表7・1》茶栽培地拡大のための助成金（ヘクタール当たり）：2012年、2013年

	2012年	2013年
茶樹の植え替え助成金	30万ルピー	35万ルピー
新規の茶樹植林助成金	15万ルピー	25万ルピー

（出所）Ministry of Plantation Industries Annual Performance 2013, p.11.
Implementation of Budget Proposals of year 2013. より筆者作成

紅茶産業は一九六八年以降、アジア開発銀行より継続して支援協力を受けてきているが、スモール・ホールダー部門の紅茶農園に特化した支援事業も積極的に実施されてきたようだ。アジア開発銀行レポート（ADB 2008）を見ると、二〇〇〇年代に実施されたスモール・ホールダーのための事業では、茶樹の植え替えや、新しい植樹に補助金が供与され、その結果、良質な茶の生産高が上昇して、茶の価格も上昇し、スモール・ホールダーの収益は上がったと、記されている。この事業ではワーカーの家屋の建設や小道の整備などへの支援も実施されたと記されている。このレポートで特に注目したいのは、二ヘクタール以下の農園もこの事業の支援対象になっていたことであるが、さらに、将来は、「より小さな土地を所有する農家も支援対象にするように勧める」と記されていることだ。

スモール・ホールダーは前述のように、企業または個人が所有している農園、またはその農園所有者、および茶栽培の小規模農家である。そのため、支援事業の対象者もこの部門の企業と個人、および以前からのシンハラ人やムスレムなどの茶栽培農家と推察する。しかし、小さな農地の所有者も支援対象にするということと、農園ワーカーを自立した茶栽培の小農にすることが積極的に進められるようになった農園コミュニティの極く近年の

動きと、深く関係しているように思える。つまり、農園会社や企業の農園がワーカーに農園の土地をリースして、茶栽培農家にする事業を積極的に進めるようになったのは、このような支援事業が背景にあることによると思われる。

一九九二年に民営化改革が開始される直前、公営農園は約十六万ヘクタールで、紅茶栽培面積の七二パーセントを占めていて、一方、スモール・ホールダーの所有面積は約六万千ヘクタールで二八パーセントといわれていた。二十年後の二〇一三年には、茶栽培面積は全体で若干減少しているようだが、部門別割合は公営農園は五パーセント、二十ある農園会社は三六パーセントである。それらに対して、スモール・ホールダー部門は五九パーセントと半分以上を占めている。さらに、紅茶生産高の割合では、スモール・ホールダー部門が七〇パーセンと大きな割合を占めている。

シンハラ人の農村地帯では、農家が摘んだ茶葉を集荷するシステムが整っている。「ルートA7」について先に何度も触れたように、アヴィッサウェッラからキトゥルガラまでの間は主にシンハラ人の農村地帯が続いている。シンハラ人の農家は主に家族労働で茶葉やゴムの栽培や採集

《表7・2》茶栽培地の部門別面積と割合：2013年

2013年　茶栽培総面積：204,024ヘクタール		
公営農園	9,313ヘクタール	5%
20民間会社の農園	73,756ヘクタール	36%
スモール・ホールダー部門の農園	120,955ヘクタール	59%
		100%

（出所）Ministry of Plantation Industries Annual Performance 2013 p.18より筆者作成

《表7・3》スモール・ホールダー部門による紅茶生産高と割合

2012年	2013年
234.2 mn kg (71%)	238.5 mn kg (70%)

（出所）Ministry of Plantation Industries Annual Performance 2013, p.21. より筆者作成

を行なっている。数人のワーカーを雇っている農家もある。このあたりの農村地帯には朝十時頃と午後三時頃の日に二回、ローリーと呼ばれている紅茶会社の小型トラクターが、朝と午後に摘まれた茶葉を集荷して回っている。私はシンハラ人の農村地域を走っていた十時五十分頃にちょうどローリーに出会った。トラクターの運転手と二〜三名の男性スタッフが渡された茶葉をローリーの上で秤で計量してから、積み込んでいた。茶葉は近くにある紅茶会社の工場に運ばれて、そこで紅茶に加工される。このような集荷方法であれば、広い畑を重い茶葉を背負って歩きまわる農園のプラッカーの労働に比べると、大分楽なのではと推察する。《参照　カラー写真7・6》

ゴムの樹液の場合は日に一回、ゴム・ミルクのタンク車が収集に回ってくる。日本でよく見かける石油を運んでいるタンク車に似ているが、ずっと小型だ。集められたゴムの原液はケーガッラの町にあるゴム工場に運ばれる。

シンハラ人の農家は茶とゴムの栽培と、熱帯ジャングル特有の果物などを多種類栽培している。この地域では、前に記したように様々な種類の熱帯果実が豊富に採取できる。農民はいろいろな種類の果樹を上手に配置して、季節、季節に果実やスパイスを採取できるように効率的に農地を管理し、また下草取りなどの手間をかけて、果樹を大事に育てているそうだ。

政府は、現在二十ある農園会社に対して、農園居住ワーカーの雇用と社会福祉を守ることと同時に、周囲の村人にも配慮をすることを求めている。前記の『プランテーション産業省二〇一三年度報告書』のラージャパクサ大統領の「二〇一三年度予算演説」には、低所得家庭の青年たちに農園の土地をリースする提案が記載されている。「起業しようとしている青年が小規模な農園で作物を耕作するように、農園会社によって十分に利用されていないと認められた二万五千エーカーの土地を、一万二五〇〇名に三十年のリースで分配することを提案する。土地をリースされた青年たちには、土地の整地や作物の植栽のための支援をする」。農園周辺部の低所得家庭の青年は被雇用者ではなく、自立した農家として、茶栽培に限らず様々な作物作りにチャレンジする道が示されたといえよう。

マドゥルーケレの農園地帯にある、シンハラ人が所有している企業の農園のマネージャーとお会いした。この農園では公的な援助金や低金利ローンを使って、農園のライン・ルームに住んで働いていたワーカーが土地を購入することができる制度が、大分前から進められていた。農園のタミル人ワーカーの六分の一以上に、すでに土地が渡されたそうだ。マネージャーは、「もう、ライン・ハウス・システムの時代は終わったのです。これからは茶を栽培する農家の村(village)のようになるのです」と笑顔で、明るく語ってくれた言葉がとても印象的だった。

将来は、元の農園居住ワーカーと家族は自分たちが自由に使える土地に建てた「我が家」に住み、茶を栽培する小農になっていく。家族労働で摘んだ茶葉は、シンハラ人の農村地帯と同じように紅茶会社のローリーが集荷に来てくれる。彼らは茶を栽培する傍ら、多種類の果物や野菜やスパイスを育てたりする自立した農民になっていくことが期待される。

そして、若い世代は教育を受けて、努力して、それぞれが希望する道にチャレンジしていくことを期待したいと思う。

「主に、農園居住のインド・タミル人ワーカーに頼ってきた紅茶産業の時代」は終わり、「農園タミル人」という通称名もなくなった。これからは、シンハラ人、スリランカ・タミル人、インド・タミル人、ムスレムが、アップコットの農園マネージャーの言葉のように、「スリランカ人の財産である紅茶」の生産を担う時代、つまり、「スリランカ人による紅茶産業の時代」が、新たに始まったといえるのではないでしょうか。

《おわりに》

紅茶農園で働いている人々に接するようになった初めの頃、茶畑で働き、農園で生活している、特に女性たちの険しい顔つき、または表情のない眼差しに、同性として胸が痛む思いがした。本書に載せた数枚のモノクロ写真からお分かりいただけると思うが、彼女たちや家族が置かれていた状況はとても厳しかった。

しかし、今日、まだまだ全てではないが、明るい表情で仲間と一緒に楽しげに茶摘仕事に励んでいる、健康そうな女性たちが増えてきたと思う。農園地帯で茶畑に向う女性たちに出会うと、にっこりと笑いかけてくれたり、また、外国人が珍しいのか、恥ずかしそうにしながらも私に近寄ってきて、親しげにしてくれる若いプラッカーたちもいる。

私が本書で書きたかったのは、「紅茶のふる里」の農園で働いている人々は可哀そうな境遇に置かれていたということを探り出すことではない。辛苦の時代を耐えてきたからこそ、今、人々はしなやかに、しっかりと、自分たちの道を前に向って歩き出していることを記したいと思ったのだ。

特に、ここ十数年、以前には、多分、誰も考えたこともないような大きな変化が起きている。その変化はまるで、禅語の「啐啄同時」のように、殻の内側と外側から同時に呼び合うことで起きたように私には思える。農園ワーカーと家族のコミュニティ内部から発展したいという意識が高まり、同時に、外部環境、つまり紅茶産業関係者や国際援助組織はその機をのがさないで、農園社会と人々をより良い方向に向うように図ったことによると考える。

本書の副題の「希望に向って一歩を踏み出し始めた人々」は、農園ワーカーのコミュニティの人々だけではなく、紅茶農園の管理層の人々やスタッフ、地域社会や教育関係の人々など、紅茶のふる里に暮らしている様々の分野の人々を含んでいる。皆、それぞれの立場で、古い社会規範や価値観、旧態のシステムなどを見直して、試練を超えて新しい希望に向って前進しようとしている。

ごく近年、グローバル・レベルでも劇的な変化が起きている。より良い社会に向うことが期待されていたはずなのに、いまだに混沌とし、社会によってはかえって悪化している状況にあるところも多い。そのような国際レベルの不安定な状況とは異なり、スリランカの農園コミュニティの変化はより良い方向に、順調に向っていると思う。人々自身が良い社会、明るく穏やかで、平和な社会へ発展したいという意識があるからこそ、今日の明るい方向へ向う道に繋がったのではないかということを記したかった。

農園コミュニティの人々と細いながら長く関わってきて、鳥の目、虫の目、魚の目に加えて、私は複眼的に、多角的にみる目をもつように意識することを教わったような気がする。そうすると、いろいろなものに関心が広がる。例えば、今年七月一日に、アメリカとキューバは五十四年ぶりに国交を回復させることで正式合意した。「カリブ海の真珠」と呼ばれているキューバは、なじみの薄い国のように思えるが、二十世紀初期の頃に千人もの日本人が砂糖キビ畑で働くために移住している。当時の日本の農村で経済的苦境にいた人々は、新天地での夢を抱いて他国に労働者として渡っていったのだったが、厳しい状況に置かれていた。ハワイに渡った人々も砂糖キビ畑の労働者として過酷な環境で働き、住まいは粗末な長屋であったそうだ。今日、彼らはそれぞれの国で社会の一員として生活基盤を築いて穏やかに暮らしている。規模は大分異なるが、スリランカの紅茶農園ワーカーと家族のコミュニティと同じようなことが、私たちの国でもあったのだ。

紅茶産業は本書で記したように曲がり角にあるといえる。私の立場で大それた今後の展望や課題などを述べることはできない。ただ、私は茶の湯の道も長年歩いているので、紅茶と抹茶の二つの茶の世界に関わってきたことになる。これも何かのご縁なので、このご縁を自分勝手に引き伸ばして、スリランカは抹茶や粉茶を製造して輸出するというアイデアを提案したい。昨今、世界の多くの社会では健康志向が強まって、抹茶や粉茶への関心が高まっている。スリランカ茶の新しい国際市場が広がるのではと考える。緑茶に関する知識と技術のある日本が協力してあげてほしいと、ひそかに願っている。

本書に寄せて

藤井 俊彦
（日本スリランカ友の会、元会長）

一九五一年九月サンフランシスコ講和会議にセイロン代表として出席したJ・R・ジャヤワルダナ（後の大統領）は「憎しみは憎しみによって止むことがなく、愛によってのみ止む」と仏陀の言葉を引用しつつ対日賠償請求権を放棄する旨の演説を行って、各国代表に感銘を与え日本の国際復帰への道筋を作った。日本にとって大変有難かった。この時セイロンから受けた恩義を日本人は永世忘れてはならない。外交は経済面だけで築けるものではない。爾来長年にわたって両国は友好関係を続けてきた。スリランカ人と日本人は互いに親近感、安心感を持てる間柄である。納得できる根拠の一つはやはり共通基盤としての仏教であろう。これからも日本はスリランカを大事にしたい。大事にしなければいけない国である。

高桑　史子

（首都大学東京人文科学研究科教授を歴任

現在、首都大学東京名誉教授）

［おだやかな優しい人たち］

スリランカは多民族国家、多宗教国家だ。だから民族や信仰する宗教の違いが、人の行動にも影響を与えている。しかし共通することも多々ある。そのひとつが時間のとらえ方。待ち合わせの約束時間があまり守られることはない。しかし、こちらが遅れていっても、遅刻の理由が問われることもなく、穏やかな笑みが向けられるだけだ。ゆっくりと待ち、ゆったりと出発する。近くを通りかかった時などに、とくに用もないアポなしの訪問をしても、お茶を入れてもらい、家人とゆったりとおしゃべりをして、適当な時間にひきあげる。せかせかしない、ゆったりとした時間の流れを感じるのに魅力を感じる。

荒井 悦代

（ジェトロ・アジア経済研究所、地域研究センター
動向分析研究センターグループ長代理）

スリランカの経済や社会について調査研究しています。この仕事をして二十五年になりますが、もちろん最初の頃は、何も分からない手探り状態でした。そんな外国人をスリランカの人たちは親切に育ててくれました。そして時間が経ち、一応、一人前の研究者になったからにはスリランカに恩返しをしなければなりません。内戦の解決方法とか、経済発展を国の隅々にまで行き渡らせる方策などを提示できれば良かったのですが、そんなことはもちろんできず、せめて日本の人たちに少しでもスリランカのことを知ってもらおうと、もがいていました。

鈴木睦子さんの本は、私のできなかった恩返しを代わりにしてくれたような気がします、そして私が伝え切れていないスリランカへの感謝の気持ちも代弁してくれています。

《主な参考資料》

【和文】

相松義男（一九八五）『紅茶と日本茶――茶産業の日英比較と歴史的背景――』恒文社。

荒井悦代（二〇〇〇）「スリランカ――低開発福祉国家における住民コンサルタント――」（重冨真一編『アジアの国家とＮＧＯ――十五ヶ国の比較研究』）アジア経済研究所。

磯緑　猛（二〇〇五）「一杯の紅茶の世界史」文春新書。

絵所秀紀（一九九九）「『スリランカ・モデル』の再検討」『アジア経済』第四十巻　第九・十号、アジア経済研究所。

辛島　昇（一九八五）「南アジア世界の形成」（辛島昇編『民族の世界史7　インド世界の歴史像』）山川出版社。

加藤裕三（一九七九）「十九世紀のアジア三角貿易――統計による序論――」『横浜私立大学論叢　人文科学系列』三十巻　Ⅱ、Ⅲ号。

川島耕司（一九九六）「一九三〇年代スリランカにおけるインド人移民と植民地政策」『社会科学討究』第一二三号、抜刷。

国際協力銀行（ＪＢＩＣ）（二〇〇三）『紛争と開発――ＪＢＩＣの役割（スリランカの開発政策と復興支援）』、JBIC Research Paper, No.24、国際協力銀行開発金融研究所、二〇〇三年八月。

澁谷利雄（一九八八）『祭りと社会変動――スリランカの儀礼劇と民族紛争』同文館。

杉原　薫（一九八二）「インド人移民とプランテーション経済――19世紀末～第1次大戦期の東南・南アジアを中心に――」『社会経済史学』47巻45号、社会経済史学会。

杉本良男（一九八七）「伝統と変化」（杉本良男編『もっと知りたいスリランカ』）弘文堂。

鈴木睦子（二〇〇六）「スリランカ紅茶農園におけるタミル労働者のエンパワメント――農園空間の市民社会形成との関係で――」『アジア太平洋研究科論集』№11、早稲田大学大学院。

（二〇〇八）「スリランカ紅茶産業の農園タミル人の社会開発――市民社会の役割――」、早稲田大学大学院アジア太平洋研究科 学位論文。

角山　栄（一九八〇／一九八九）『茶の世界史――緑茶の文化と紅茶の文化――』中央公論社、第11版。

中村尚司（一九七八）「スリランカ憲法と社会」（大内穂編『インド憲法の基本問題』）№２６７３、アジア経済研究所。

西川　潤（二〇〇〇）『人間のための経済学　開発と貧困を考える』岩波書店。

野口忠司（一九八三）「スリランカ――戦いと言語（上）」『海外事情』一九八三年十二月、拓殖大学海外事情研究所。

林左馬衛・安居香山（一九七五）『茶経・喫茶養生記』明徳出版。

平島成望（一九八九）「開発戦略とプランテーション経済――スリランカにおける紅茶生産の事例――」（平島成望編『一次産品問題の新展開――情報化と需要変化への対応――』アジア経済研究所。

松井やより（一九八五）『魂にふれるアジア』朝日新聞社。

松下　智（一九五三）『日本茶の伝来――ティー・ロードを探る』淡交社。

南　亮三郎（一九六三）『セイロンの人口構造と経済構造』アジア経済研究所。

守屋　毅（一九八一／一九八九）『お茶のきた道』日本放送出版協会、第七刷。

脇村孝平（一九八三）「インド人移民と砂糖プランテーション――モーリシャスを中心として――」（杉原薫・玉井金五編『世界資本主義と非白人労働』）大阪市立大学経済学部学会。


【英文】

Amerasinghe, Y.R. (1993) ed. *Recent Trends in Employment and Productivity in the Plantation Sector of Sri Lanka with Special Reference to the Tea Sector,* ILO, Asian Regional Team for Employment Promotion (ARTEP), India.
Asian Development Bank (ADB)(1995) *Report and Recommendation of the President to the Board of Directors on a Proposed Loan and Technical Assistance Grant to the Democratic Socialist Republic of Sri Lanka for the Plantation Reform Project,* Oct. 1995, (RRP:SRI 26238).
―――― (1996) *Impact Evaluation Study of Bank Assistance to the Industrial Crops and Agro-Industry Sector in Sri Lanka,* July 1996, IES:SRI96010.
―――― (1998) *Report and Recommendation of the President to the Board of Directors on a Proposed Loan to the Democratic Socialist Republic of Sri Lanka for the Tea Development Project,* October 1998, RP; SRI29600.

_____ (1999) *Reevaluation of the Third Tea Development Report (Loan 472-SRI[SF]) in Sri Lanka*, September 1999,IES:SRI99016.

_____ (2000) *Technical Assistance to Sri Lanka for Preparing the Plantation Development Project (Financed from the Japan Special Fund)*, R342-00, 26 December, 2000.

_____ (2002) *Report and Recommendation of the President to the Board of Directors on a Proposed Loans to the Democratic Socialist Republic of Sri Lanka for the Plantation Development Project*, August 2002, (RRP:SRI34023)

_____ (2008) *Completion Report, Sri Lanka Tea Development Project*, February 2008.

Bandaranaike, R. Dias (1984) *Tea Production in Sri Lanka: Future Outlook and Mechanisms for Enhancing Sectoral Performance*, Central Bank of Ceylon, Occasional Papers-Number 7.

Bass, Daniel (2001) *Landscapes of Malaiyaha Tamil Identity, A History of Ethnic Conflict in Sri Lanka: Recollection, Reinterpretation & Reconciliation*, Marga Institute, Sri Lanka.

Betz, Joachim (1989) "Tea Policy in Sri Lanka", *Marga*, Vol. 10, No. 4, pp.48-71.

Brass, Paul R (1991) *Ethnicity and Nationalism: Theory and Comparison*, SAGA Publications, New Delhi.

Cave, Henry W. (1900/1904) *Golden Tips: A Description of Ceylon and Its Great Tea Industry*, Third Edition, Cassell & Company, Ltd., London, Paris, N.Y., & Melbourne, MCMIV.

Central Bank of Sri Lanka (2002) *Annual Report 2002*.

Craig, J. Edwin, Jr. (1970) "Ceylon" Tropical Development 1880-1913, ed. by Lewis, A.W., London George Allen & Unwin Ltd.,pp.221-249.

CSPA (The Coordinating Secretariat for Plantation Areas) (1981-1987) *Voice of the Voiceless* (Bulletin).

Davis, Kingsley (1951) *The Population of India and Pakistan*, Princeton, New Jersey, Princeton University Press.

De Silva, K. M. (1981) *A History of Sri Lanka*, London; C. Hurst & Company & Berkey/Los Angels; University of California.

Dunham, David, Nisha Arunatilake & Roshan Perera, *The Labour Situation on Sri Lanka Tea Estate – A View to 2005*, Research Studies Labour Economics Series No.13, Institute of Policy Studies, Sri Lanka.

Hollup, Oddvar (1991) *Bonded Labour - Caste and Cultural Identity among Tamil Plantation Workers in Sri Lanka*, Sterling

Publishers Private Limited.
International Labour Office (ILO), Geneva (1969) *The World Employment Programme, report of the director-general to the international labour conference.*
_____ (1971) *Matching employment opportunities and Expectations: a programme of action for Ceylon, Geneva.*
Jayaraman, R. (1967): "Indian Emigration to Ceylon: Some Aspects of the Historical and Social Background of the Emigrants", *Indian Economic and Social History Review,* the Indian Economic and Social History Association, Vol.4, No.4, Dec., Delhi, K.A. Naqvi.
Jayawardane, M.D.H., M.P. (1955) *Economic and Social Development of Ceylon (a survey) 1926-1954,* Presented to Parliament by The Hon. M.D.H. Jayawardane, The Ministry of Finance, 1st July.
Kondapi, C.（1951）Indians Overseas 1838-1949, New Delhi Indian Council of World Affairs, Bombay- Calcutta-Madras-London, Oxford University Press.
Kurian, R. (1982) "Women Workers in the Sri Lanka Plantation Sector - An historial and contemporary analysis"（アジア労働研究所「スリランカ・プランテーション婦人労働者の生活の実態――レイチェル・クリアン女史の調査報告（ＩＬＯシリーズ）の紹介」『アジア労働運動　資料』第四十二号、一九八五年）
Lewis, W. Arthur (1970) ed. *Tropical Development 1880-1913,* London George Allen & Unwin Ltd.
Little, Angela W. (1999) *Laboring to Learn - Towards a Political Economy of Plantations, People and Education in Sri Lanka,* Macmillan Press Ltd., Great Britain.
LJEWU/AAFLI (Lanka Jathika Estate Worker's Union & Asian American Free Labour Institute) (1996) *Labour Force Survey,* A Study on Plantation Labour by LJEWU In Collaboration with AAFLI.
Loh, Ai Tee´ Bool Hon Kam & John T. Jackson (2003) "Sri Lanka's Plantation Sector: A Before-And-After Privatization Comparison", *Journal of International Development,* Vol.15, pp.727-745, John Wiley & Sons, Ltd.
Manikam, P.P. (1995) *Tea Plantation in Crisis – An Overview -*, Social Scientists' Association.
Mendis, G.C. (1957/1995) *CEYLON Today and Yesterday – Main Currents of Ceylon History,* Lake House Investments Ltd.,

Book Publishers, Colombo, Sri Lanka.

Meyer, Eric (1990) "Aspects of the Sinhalese-Tamil relations in the plantation areas of Sri Lanka under the British Raj", *The Indian Economic and Social History Review,* Vol.27, No.2´ SAGE New Delhi/Newbury Park/London, pp.165-188.

Mills, Lennox A. (1933) *Ceylon under British Rule 1795-1932: With an Account of the East India Company's Embassies to Kandy 1762-1795,* Oxford University Press London: Humphrey Milford.

Ministry of Plantation Industries – *Annual Performance Report 2013, SRILANKATEABOARD plantationindustries.gov.lk.*

Moldrich, Donovan (1988) *Bitter Berry Bondage: The nineteenth century coffee workers of Sri Lanka,* Co-ordinating Secretariat for Plantation Area, Kandy, Sri Lanka.

Sabaratnam, T. (1990) *Out of Bondage: A Biography - The Thondaman Story,* The Sri Lanka Indian Community Council, Dumindha Drandha (Pvt.) Ltd., Colombo.

SATYODAYA *1972-1987, 25 SATYODAYA 1972-1997 & Bulletins (1980-2003).*

Shanmugaratnam, N. (1997) *Privatisation of Tea Plantations, The Challenge of Reforming Production Relations in Sri Lanka: An Institutional Historical Perspective,* Social Scientists' Association.

Shastri, Amita (1999) "Estate Tamils, the Ceylon Citizenship Act of 1948 and Sri Lankan politics", *Contemporary South Asia,* Vol.8, No.1, pp.65-86, Carfax Publishing, Taylor & Francis Ltd., UK.

Sri Lanka *State Plantations Corporation (SLSPC) (1991) Statistical Report and Analysis of Social Development from 1980 to 1990,* Social Development Division.

Streeten, P. & et al. (1981) *First Things First: Meeting Basic Human Needs in Developing Countries,* Oxford University Press. With Shahid Javed Burki, Mahabub ul Haq, Norman Hicks, Frances Stewart.

Tinker, Hugh (1974) *A New System of Slavery – The Export of Indian Labour Overseas 1830-1920,* London·New York·Bombay; Oxford University Press.

Thondaman, S. (1994) *Tea and Politics An Autobiography Vol.2; My Life and Times,* Co-Publishers Navrang, Vijitha Yapa Bookshop.

United Nations (1961) ed., *The Report on Social Situation,1961,* (厚生省大臣官房企画室訳　国際連合編『世界の経済開発と社会開発』原書房、一九六四年)

Villiers, Thomas L. (1951) *Some Pioneers of the Tea Industry,* Colombo, The Colombo Apothecaries' Co.,Ltd.

Wickramasinghe, Nira (2001) *Civil Society in Sri Lanka - New Circles of Power,* Sage Publication.

Woodman, C. (2011) *THE SHOCKING TRUTH BEHIND 'ETHICAL BUSINESS'* (邦訳　松本裕訳『フェアトレードのおかしな真実　僕は本当に良いビジネスを探す旅に出た』、英治出版株式会社、二〇一三年八月二十五日　第一版　第一刷)

World Bank (WB)(1995) *Sri Lanka Impact Evaluation Report, Smallholder Rubber Rehabilitation Project (Credit 1017-CE), Fourth Tree Crops Project (Credit 562-CE),* June 30, The World Bank, Washington,D.C.,

_____ (1997) *Sri Lanka's Tea Industry – Succeeding in the Global Market,* World Bank Discussion Paper No.368, WB.

_____ (2002) *Sri Lanka Poverty Assessment,* Poverty Reduction and Economic Management Sector Unit, South Asia Region, Report No.22535-CE.

World University Service of Canada (WUSC) (2002) *Semi-Annual Progress Report 1st April 2002 to 30th September, 2002 – Plantation Communities Project,* Canadian International Development Agency (CIDA) Project.

旅を深めるスリランカの本

旅行・会話ナビ スリランカ シンハラ語

新井 惠壱 / スニル・シャンタ

スリランカの主要言語、シンハラ語の学習書。文法、会話集、単語集に分かれ、旅行先で即利用を求める方からスキルアップを目指す方までの幅広い層に対応する。単語集は動詞の過去形、名詞の複数形も記載。ビジネス用語も多く織り交ぜ、経済発展するスリランカにおいて、本書の活用シーンは多い。

ISBN：9784905502029
本体価格：￥2,000 ＋税

憧れの楽園スリランカ

日本スリランカ友の会

日本スリランカ友の会創立 30 周年記念作品。会員と会関係者の、スリランカの「プロ」による寄稿集。観光、ビジネス、支援・ボランティア、文化活動など、スリランカに関わる各方面のプロによるスリランカの多角的な理解を助けるバイブル。スリランカを知るための入門書としても活用できる。

ISBN：9784990257897
本体定価：￥1,500 ＋税

Beyond the Holiday スリランカ

新井 恵壱 / アールイー

スリランカ旅行に便利なガイドブック。世界遺産、ホテル・リゾート、レストラン、ショッピング、アーユルヴェーダなど、見どころをこの１冊に凝縮。移動手段、旅のフレーズ集、鉄道時刻表など、スリランカ観光に役立つ情報も掲載。『Beyond the Holiday 旅行・会話ナビ スリランカ シンハラ語』と一緒に併せ持てば、スリランカ旅行をより充実させてくれる。全頁フルカラー。

ISBN：9784905502036
本体価格：￥1,680 ＋税

スリランカでビジネスチャレンジ vol.2

新井 恵壱

スリランカが投資先として世界中が注目を集め始めている今、本書が様々なアイディアでスリランカビジネス熱を更に高めてくれる。各ビジネスアイディアと現地社会事情を総合的に捉え可能性を分析。著者の本気とも冗談とも取れる文体は健在で、読む側を楽しませ、スリランカビジネスの敷居を低く感じさせる。

近日発売予定
予定価格￥1,400 ＋税

【著者プロフィール】
鈴木 睦子（すずき むつこ）

横浜市生れ。青山学院大学卒業。アジア生産性機構国際事務局（APO）、など勤務。1986年NGOを創設し、20年間スリランカ中央州の紅茶農園と農村部の女性と子どものための協力事業を実施。2008年早稲田大学大学院アジア太平洋研究科（国際関係学）修了。学術博士。
現在、茶道教室「碧水会」主宰（裏千家助教授）。「日本スリランカ友の会」会員。

スリランカ紅茶《こうちゃ》のふる里《さと》

～希望《きぼう》に向《む》かって一歩《いっぽ》を踏《ふ》み出《だ》し始《はじ》めた人々《ひとびと》～

2015年11月2日　第1刷発行

著　者　鈴木 睦子
発行所　有限会社アールイー
〒112-0001 東京都文京区白山5-19-10-202
電話 03-3942-0438　FAX 050-1113-8164
www.reshuppan.co.jp
印刷所　株式会社モリモト印刷

ISBN 978-4-905502-06-7 C0030